高等院校生命科学类"十二五"规划教材

生物学实验技术

Current Protocols for Biology

孙清鹏　　万善霞　　孙祎振　　主编

U0390704

中国林业出版社

内 容 简 介

全书分为生物化学、遗传学、分子生物学、植物组织培养、微生物学、种子生物学、生物信息学7个部分。选编的实验内容是生命科学相关专业的学生必须掌握的基本实验技能。本书详细介绍了实验原理，试剂的配制，所需仪器、实验材料、实验方法及编者根据自己多年的教学经验总结出的注意事项。本书是编者在多年讲授生物学相关实验的基础上，参考国内外优秀教材和相关文献编写而成的，编写目的是既能让学生掌握生命科学相关实验的基本知识和技能，同时又能够提高学生分析问题和解决问题的能力，指导学生解决实验过程中遇到的实际问题。

本书是一本简明且实用性较强的生物学实验技术教程。适用于生物学、生物技术、生物工程、动物医学、食品科学等专业的本科生、研究生，也可供从事生物学相关的教学、科研人员参考使用。

图书在版编目（CIP）数据

生物学实验技术/孙清鹏主编．—北京：中国林业出版社，2014.7

高等院校生命科学类"十二五"规划教材

ISBN 978-7-5038-7580-9

Ⅰ．①生…　Ⅱ．①孙…　Ⅲ．①生物学–实验–高等学校–教材

Ⅳ．①Q–33

中国版本图书馆 CIP 数据核字（2014）第 153022 号

中国林业出版社·教材出版中心

责任编辑：许　玮

电话：83282720　　　　　　传真：83220109

出版发行	中国林业出版社（100009　北京市西城区德内大街刘海胡同 7 号）
	E-mail：jiaocaipublic@163.com　电话：(010) 83224477
	http://lycb.forestry.gov.cn
经　　销	新华书店
印　　刷	北京宝昌彩色印刷有限公司
版　　次	2014 年 7 月第 1 版
印　　次	2014 年 7 月第 1 次印刷
开　　本	787mm×1092mm　1/16
印　　张	12.75
字　　数	314 千字
定　　价	25.00 元

本书由"北京市属高等学校高层次人才引进与培养计划项目（CIT&TCD 201304096）资助。

编写人员名单

主　　编　　孙清鹏　万善霞　孙祎振

副 主 编　　于涌鲲

参编人员　　（以姓氏笔画为序）

于涌鲲　万善霞　卢　敏　孙祎振

孙清鹏　刘玉芬　张　彬　谢　皓

韩　俊　刘一倩

前　言

　　本书选编的实验内容是生命科学相关专业的学生必须掌握的基本实验技能，书中详细介绍了实验原理、试剂的配制、所需仪器、实验材料、实验方法及编者根据自己多年的教学经验总结出的注意事项。

　　参与编写本书的几位教师一直从事以本科生为主的生物学实验的教学工作，编写本书的目的是：既能让学生掌握生命科学相关实验的基本知识和技能，又能够提高学生分析问题和解决问题的能力，指导学生解决实验过程中遇到的实际问题。

　　本书是编者在多年讲授生物学相关实验的基础上，参考国内外优秀教材和相关文献编写而成的。第 1 章由北京农学院万善霞老师编写；第 2 章由北京农学院孙祎振、刘玉芬老师编写；第 3 章由山西农业大学张彬老师编写；第 4 章由北京农学院刘一倩老师编写；第 5 章由北京农学院于涌鲲老师编写；第 6 章由北京农学院谢皓、韩俊、卢敏老师编写；第 7 章由北京农学院孙清鹏老师编写。

　　衷心感谢中国林业出版社在本书编写过程中给予的热情支持和帮助。

　　由于编者的水平有限，书中不妥之处敬请读者批评和指正。

编　者
2014 年 1 月

目　录

第1章　生物化学

实验1　蛋白质含量测定

测定蛋白质含量的方法很多，基本上都是根据蛋白质的物理、化学或生物学的特性而建立的，常用的方法有：①根据含氮(N)量而测定的定氮法；②根据蛋白质与不同试剂发生颜色反应而比色测定其含量的比色法；③根据蛋白质结构或组成的吸收特征而测定的紫外光吸收法。

一、双缩脲法测定蛋白质含量

【实验目的】
掌握双缩脲法测定血清总蛋白质含量的原理和方法，掌握分光光度计的使用方法。

【实验原理】
双缩脲反应是测定肽键特性的反应。蛋白质在碱性溶液中能与硫酸铜生成蓝紫色或红色的络合物，颜色深浅与蛋白质浓度在一定(1~10mg)范围内符合比尔定律，而与蛋白质的分子量及氨基酸成分无关，可用比色法定量测定。双缩脲（NH_2—CO—NH—CO—NH_2）也有此反应，因此而得名。

在一定的实验条件下，未知样品的溶液与标准蛋白质溶液同时反应，并于540~560nm下比色，可以通过标准蛋白质溶液求出未知样品的蛋白质浓度。血清总蛋白质含量关系到血液与组织间水分的分布情况，在机体脱水的情况下，血清总蛋白质含量升高；而在机体发生水肿时，血清总蛋白质含量下降。所以测定血清总蛋白质含量具有临床意义。

【实验用品】
1. 试剂

（1）标准酪蛋白溶液(5mg/mL)　用0.05mol/L氢氧化钠溶液配制。

（2）双缩脲试剂　溶解1.50g硫酸铜（$CuSO_4 \cdot 5H_2O$）和6.0g酒石酸钾钠（$NaKC_4H_4O_6 \cdot 4H_2O$）于500mL水中，在搅拌下加入300mL 10%的氢氧化钠溶液，用蒸馏水稀释到1 000mL，贮存在内壁涂以石蜡的瓶中。此试剂可长期保存，以备使用。

（3）样品　动物血清原液用水稀释10倍，置冰箱中保存待用。

2. 器材

分光光度计、水浴锅、烧杯、移液管、试管、比色皿。

【实验方法】

取三支试管，按表 1-1 加样操作。

表 1-1　双缩脲法测定蛋白质含量加样表　　　　　　　　　　　　　mL

试　剂 ＼ 管　别	空白管	标准管	样品管
血清(样品)	0	0	1
标准蛋白质溶液	0	1	0
蒸馏水	2	1	1
双缩脲试剂	4	4	4

摇匀，37℃水浴 20min(或室温放置 30min)后用分光光度计于 540nm 波长处比色，以空白管调零点，测得各管吸光度，计算实验结果。

$$血清总蛋白质(g/100mL) = \frac{样品管吸光度}{标准管吸光度} \times 0.005 \times \frac{100}{0.1} = \frac{样品管吸光度}{标准管吸光度} \times 5$$

【思考题】

1. 双缩脲法测定蛋白质含量的原理是什么？
2. 为什么说双缩脲法简便、快速但准确性不高？

二、Folin-酚法测定血清蛋白质含量(Lowry 法)

【实验目的】

掌握 Folin-酚法测定血清蛋白质含量的原理和方法，掌握分光光度计的使用方法。

【实验原理】

Folin-酚法是双缩脲法的发展。Folin-酚试剂由两部分组成：试剂甲相当于双缩脲试剂，可与蛋白质中的肽键发生显色反应，生成蛋白质-铜络合物；试剂乙在碱性条件下极不稳定，可以被蛋白质-铜络合物还原生成蓝色化合物(钼蓝和钨蓝混合物)。体积一定，在 5 ~ 100 μg 范围内蓝色的深浅与蛋白质质量成正比。Folin-酚法灵敏度高，比双缩脲法灵敏 100 倍。

所测蛋白质样品中若含酚类及柠檬酸则对测定有干扰作用。浓度较低的尿素(0.5%左右)、胍(0.5%左右)、硫酸钠(1%)、硝酸钠(1%)、三氯乙酸(0.5%)、乙醇(5%)、乙醚(5%)、丙酮(0.5%)等溶液对显色反应无影响，但这些物质浓度高时，必须作校正曲线。含硫酸铵的溶液只需加浓碳酸钠-氢氧化钠溶液即可显色测定。若样品酸度较高,显色后色浅,则必须提高碳酸钠-氢氧化钠溶液的浓度至原来的 1~2 倍。

【实验用品】

1. 试剂

(1)标准酪蛋白溶液   500 μg/mL,用 0.1 mol/L NaOH 溶解。

(2)Folin-酚试剂甲   由下述四种溶液配制而成:4% Na_2CO_3、0.2 mol/L NaOH、1% $CuSO_4 \cdot 5H_2O$、2% 酒石酸钾钠。

在使用前,将前两种试剂按 1:1 比例混匀,后两种试剂按 1:1 比例混匀,然后再将混匀的这两种溶液按 50:1 比例混匀。该试剂只能用一天。

(3)Folin-酚试剂乙   磷钨酸和磷钼酸的混合液。

(4)样品液   兔血清稀释液(稀释 100 倍)。

2. 器材

分光光度计、试管。

【实验方法】

取 3 支试管并编号,按表 1-2 加入各试剂。

表 1-2   **Folin-酚法测定蛋白质含量加样表**   mL

试管	样品液	蒸馏水	标准酪蛋白	试剂甲
空白管	0	0.5	0	2.5
标准管	0	0.3	0.2	2.5
样品管	0.5	0	0	2.5

混匀,静置 10min 后,加试剂乙 0.25mL,立即混匀,室温放置 20min,于 660nm 下比色,读数,记录吸光度值。计算结果。

$$蛋白质含量(g/100mL) = \frac{样品管吸光度}{标准管吸光度} \times 标准蛋白含量 \times 10^{-6} \times \frac{稀释倍数}{0.5} \times 100$$

【注意事项】

1. 在进行测定时,加 Folin-酚试剂要特别小心,因为 Folin-酚试剂乙仅在酸性 pH 条件下稳定,但与蛋白质-铜络合物的还原反应只在 pH=10 的条件下发生,故当 Folin-酚试剂乙加到碱性的蛋白质-铜溶液中时,必须立即混匀。以便在磷钼酸-磷钨酸试剂被破坏之前能有效地被蛋白质-Cu^{2+} 络合物所还原。

2. 此法也适用于酪氨酸和色氨酸的定量测定。

【思考题】

1. Folin-酚法测定蛋白质含量的原理是什么?

2. 干扰 Folin-酚法测定蛋白质含量的因素有哪些?

三、考马斯亮蓝 G-250 染料结合法测定蛋白质含量（Bradford 法）

【实验目的】

掌握考马斯亮蓝 G-250 染料结合法测定血清蛋白质含量的原理和方法，掌握分光光度计的使用方法。

【实验原理】

考马斯亮蓝 G-250（Coomassie brilliant blue G-250）测定蛋白质含量属于染料结合法的一种。考马斯亮蓝 G-250 在游离状态下呈红色，最大光吸收在 465 nm；当它与蛋白质结合后变为青色，蛋白质-色素结合物在 595nm 波长下有最大光吸收。其光吸收值与蛋白质含量成正比，因此可用于蛋白质的定量测定。蛋白质与考马斯亮蓝 G-250 相结合的反应在 2min 左右的时间内达到平衡，反应完成得十分迅速；其结合物在室温下 1 h 内保持稳定。该法是 1976 年由 Bradford 建立的，试剂配制简单，操作简便快捷，反应非常灵敏，其灵敏度比 Lowry 法还高 4 倍，可测定微克级蛋白质含量，测定蛋白质的质量范围为 0 ~ 1 000μg，是一种常用的微量蛋白质快速测定方法。

【实验用品】

1. 试剂

（1）0. 9% NaCl 溶液。

（2）标准蛋白质溶液　牛血清白蛋白（0. 1mg/mL），准备称取牛血清白蛋白 0. 1g，用 0. 9% NaCl 溶液溶解并稀释至 1 000mL。

（3）染液　考马斯亮蓝 G-250（0. 01%），称取 0. 1g 考马斯亮蓝 G-250 溶于 50mL 95% 乙醇中，再加入 100mL 浓磷酸，然后加蒸馏水定容到 1 000mL。

（4）样品液　取动物血清，用 0. 9% NaCl 稀释至一定浓度。

2. 器材

试管、移液管、722 型（或 7220 型）分光光度计、容量瓶、量筒、电子分析天平。

【实验方法】

取 7 支试管并编号，按表 1-3 加入各试剂。

表 1-3　考马斯亮蓝 G-250 染料结合法测定蛋白质含量加样表

试　剂 　　　 管　号	1	2	3	4	5	6	7
标准蛋白质溶液(mL)	0	0.1	0.2	0.3	0.4	0.6	0.8
0.9% NaCl 溶液(mL)	1	0.9	0.8	0.7	0.6	0.4	0.2
考马斯亮蓝染料液(mL)	4	4	4	4	4	4	4
蛋白质浓度(μg/mL)	0	10	20	30	40	60	80

　　混匀，室温静置 3min，以第 1 管为空白，于 595nm 波长处比色，读取吸光度，以吸光度为纵坐标，各标准液浓度(μg/mL)为横坐标作图得标准曲线。

　　另取一支干净试管，加入样品液 1.0mL 及考马斯亮蓝染料液 4.0mL，混匀，室温静置 3min，于 595nm 波长处比色，读取吸光度。根据样品液的吸光度，查标准曲线即可求出样品液中蛋白质含量。

【注意事项】

　　(1)研究表明，NaCl、KCl、$MgCl_2$、$(NH_4)_2SO_4$、乙醇等物质对测定无影响，而大量的去污剂如 TritonX-100、SDS 等严重干扰测定。少量的去污剂及 Tris、乙酸、2-巯基乙醇、蔗糖、甘油、EDTA 有少量干扰，可很容易地通过用适当的溶液对照而消除。同时注意，比色操作应在显色后 2～60min 内完成；如果测定要求很严格，可以在试剂加入后的 5～20min 内测定吸光度，因为在这段时间内溶液的颜色最稳定。

　　(2)测定那些与标准蛋白质氨基酸组成有较大差异的蛋白质时，有一定误差，因为不同的蛋白质与染料的结合量是不同的，故该法适合测定与标准蛋白质氨基酸组成相似的蛋白质。

　　(3)待测溶液中蛋白质浓度不可过高或过低，应控制在 100～800μg/mL 为宜。

【思考题】

　　1. Bradford 法测定蛋白质含量的原理是什么？应如何克服不利因素对测定的影响？

　　2. 为什么标准蛋白质必须用凯氏定氮法测定其纯度？

实验 2　唾液淀粉酶活性观察

【实验目的】

掌握环境因素如温度、pH、激活剂和抑制剂对酶活性影响的机理，了解酶的高效性和特异性，掌握唾液淀粉酶的制备和活性观察。

【实验原理】

酶促反应同一般化学反应一样都需要在一定的温度和 pH 下进行，使酶促反应速率最大时的温度称为此酶的最适温度，酶活性最高时的 pH 值称为最适 pH。低于最适温度，酶促反应速率缓慢，高于最适温度，酶蛋白变性失活。偏离最适 pH，酶活性也会有所下降。唾液淀粉酶的最适 pH 约为 6.8。

酶具有高度的特异性，一种酶只能催化某一种化合物或某一类化合物。例如淀粉酶只能催化淀粉水解，而不能使蔗糖水解。本实验以唾液淀粉酶和蔗糖酶对淀粉和蔗糖的作用为例，来说明酶的专一性。淀粉和蔗糖无还原性，唾液淀粉酶催化淀粉水解生成有还原性的麦芽糖，但不能催化蔗糖的水解；蔗糖酶能催化蔗糖水解产生还原性的葡萄糖和果糖，但不能催化淀粉的水解。用 Benedict 试剂检查糖的还原性。

酶的活性受激活剂或抑制剂的影响。氯离子为唾液淀粉酶的激活剂，铜离子为其抑制剂。本实验以唾液淀粉酶为材料来观察酶活性受理化因素影响的情况。唾液中含有唾液淀粉酶，唾液淀粉酶的底物是淀粉。淀粉在唾液淀粉酶的催化下会随着时间的延长而出现不同程度的水解，从而得到各种糊精乃至麦芽糖、少量葡萄糖等水解产物。而碘液能指示淀粉的水解程度。淀粉及淀粉不同程度的水解产物遇到碘可呈蓝色、紫色、暗褐色和红色，而麦芽糖遇碘液则不发生颜色反应，不显色。

【实验用品】

1. 试剂

（1）0.5%（质量体积比，w/v）淀粉溶液　称取 0.5g 可溶性淀粉，加入少量蒸馏水调成糊状，然后缓慢倒入沸腾的 60mL 蒸馏水中，搅动煮沸 1min。冷却至室温后加水至 100mL，置冰箱中存放。

（2）稀碘溶液　称取 2g 碘化钾溶于 5mL 蒸馏水中，随后加 1.2g 碘，待碘溶解后，加蒸馏水至 200mL，混合均匀后保存于棕色瓶中，用前稀释 5 倍。

（3）不同 pH 缓冲溶液

A 液——0.2mol/L Na_2HPO_4 溶液：称取 35.62g $Na_2HPO_4 \cdot 12H_2O$，溶于蒸馏水后定容至 1 000mL。

B 液——0.1 mol/L 柠檬酸溶液：称取 21.01g 一水柠檬酸，溶于蒸馏水后定容至 1 000mL。

①pH = 3.8 缓冲液——取 A 液 71.0mL、B 液 129.0mL 混合而成。

②pH = 6.8 缓冲液——取 A 液 145.5mL、B 液 54.5mL 混合而成。

③pH = 8.0 缓冲液——取 A 液 194.5mL、B 液 5.5mL 混合而成。

(4)1%(w/v)$CuSO_4$ 溶液　称取无水硫酸铜 1g(或者称取五水硫酸铜 1.562 5g)，溶解后用蒸馏水稀释至 100mL。

(5)1%(w/v)NaCl 溶液　称取氯化钠 1g，溶解后用蒸馏水稀释至 100mL。

(6)斑氏试剂

A 液——称取无水 $CuSO_4$ 17.4g，将其溶于 100mL 预热的蒸馏水中，冷却后用蒸馏水稀释至 150mL。

B 液——称取柠檬酸钠 173g、Na_2CO_3 100g，再加蒸馏水 600mL，加热溶解后冷却，用蒸馏水稀释至 850mL。

将 A 液与 B 液混合即得斑氏试剂。

(7)0.5%(w/v)蔗糖溶液　称取蔗糖 0.5g，将其溶于蒸馏水后定容至 100mL。

2. 器材

白瓷板(或比色板)、恒温水浴锅、电炉。

【实验方法】

(一)唾液淀粉酶应用液的制备

每组取一个干净的饮水杯，装上蒸馏水。先用蒸馏水漱口，将口腔内的食物残渣清理干净。口含约 10mL 蒸馏水，做咀嚼动作 1~2min，以分泌较多的唾液。然后将口腔中的唾液吐入一个干净的小烧杯中。此即为唾液淀粉酶应用液。

(二)环境因素对酶活性的影响

1. 温度对酶活力的影响

取 3 支试管编号，按表 1-4 加样操作。时间到后，取出各试管，并将在沸水浴中处理过的试管用冷水冷却，然后向各试管中滴加稀碘溶液 1~3 滴。摇匀后观察、记录并解释各试管中的现象。

表 1-4　温度对酶活力的影响

试　剂　　　　　　编　号	1	2	3
0.5% 淀粉(mL)	2	2	2
pH = 6.8 缓冲液(mL)	2	2	2
唾液(mL)	1	1	1
反应温度(15min)	冰水浴	37℃水浴	沸水浴

2. pH 对酶活力的影响

取 3 支试管编号，按表 1-5 加样操作。将上述各试管中溶液混匀后在 37℃ 水浴中保温 15min，取出各试管，然后向各试管中滴加碘液 1~3 滴。摇匀后观察、记录并解释各试管中的现象。

表 1-5　pH 对酶活力的影响　　　　　　　　　　　　　　　　　　　　mL

试剂　　　　编号	1	2	3
pH = 3.8 缓冲液	3	0	0
pH = 6.8 缓冲液	0	3	0
pH = 8.0 缓冲液	0	0	3
0.5% 淀粉	1	1	1
唾液	1	1	1

3. 酶的专一性

(1)取两支试管，一支试管中加入 0.5% 淀粉溶液 2mL，另一支试管中加入 0.5% 蔗糖溶液 2mL。

(2)于两支试管中各加入制备好的唾液 1mL。

(3)将两支试管同时放入 37℃ 恒温水浴箱中保温。

(4)15min 后，取出两支试管，各加入斑氏试剂 1mL。

(5)将两支试管同时放入沸水中煮沸 5min。

(6)取出两支试管，观察记录颜色的变化，并注意有无红色沉淀产生，为什么？

4. 激活剂和抑制剂对酶活性的影响

取 3 支试管编号，按表 1-6 加样操作。

表 1-6　激活剂和抑制剂对酶活性的影响　　　　　　　　　　　　　　　mL

试剂　　　　编号	1	2	3
1% NaCl 溶液	1	0	0
1% $CuSO_4$ 溶液	0	1	0
蒸馏水	0	0	1
0.5% 淀粉溶液	1	1	1
唾液	1	1	1

将各试管摇匀后，一起放入 37℃ 水浴中保温 15min，取出各试管，向各试管中加稀碘溶液 1~3 滴，观察各试管颜色，比较各试管中淀粉水解的程度，并解释现象。

【注意事项】

1. 做 pH 对酶活性的影响实验时，为确保实验的效果，各试剂加完后再加唾液淀粉酶液。

2. 各试管试剂加完后一定要充分混匀。

【思考题】

1. 做温度对酶活性的影响实验时，第三支试管取出来后为什么必须冷却？如不冷却，加碘后出现什么现象？为什么？

2. 做酶的实验必须控制哪些条件？为什么？

实验 3　醋酸纤维素薄膜电泳法分离血清蛋白质

【实验目的】

学习和掌握醋酸纤维素薄膜电泳分离蛋白质的原理及基本操作技术。

【实验原理】

电泳是指带电粒子在电场中向本身所带电荷相反的电极移动的现象。蛋白质在电场中移动的速度取决于蛋白质所带的电荷的性质、数量及分子的大小和形状。根据支持物的不同，可分为醋酸纤维素膜电泳、聚丙烯酰胺凝胶电泳等。采用醋酸纤维素薄膜为支持物的电泳方法，叫做醋酸纤维素薄膜电泳。醋酸纤维素是纤维素的羟基乙酰化所形成的纤维素醋酸酯。当将其溶于有机溶剂（如：丙酮、氯仿、氯乙烯、乙酸乙酯等）后，涂抹成均匀的薄膜则成为醋酸纤维素薄膜。该膜具有均一的泡沫状的结构，有强渗透性，厚度约为 $120\mu m$。

醋酸纤维素薄膜电泳是近年来推广的一种新技术，它具有微量、快速、简便、分辨力高、对样品无拖尾和吸附现象等优点。虽然其分辨力较聚丙烯酰胺凝胶电泳要低，但是比以滤纸为支持物进行的纸电泳要高。目前，该技术已被广泛应用于血清蛋白、血红蛋白、糖蛋白、脂蛋白、结构球蛋白、同功酶的分离和测定等方面。

蛋白质是两性电解质，在 pH 值小于其等电点的溶液中，蛋白质为正离子，在电场中向阴极移动；在 pH 值大于其等电点的溶液中，蛋白质为负离子，在电场中向阳极移动。血清中含有数种蛋白质，它们所具有的可解离基团不同，在同一 pH 值的溶液中，所带净电荷不同，故可利用电泳法将它们分离。

血清中含有清蛋白、α-球蛋白、β-球蛋白、γ-球蛋白等，各种蛋白质由于氨基酸组成、立体构象、相对分子质量、等电点及形状不同，在电场中迁移的速度不同。由表1-7 可知，血清中 5 种蛋白质的等电点大部分低于 7.0，所以在 pH = 8.6 的缓冲液中，它们都电离成负离子，在电场中向阳极移动。

由于血清蛋白质为无色的胶体颗粒，因此需用染色的方法来观察。现有多种染料可

表 1-7　人血清中各种蛋白质的等电点及相对分子质量

蛋白质名称	等电点	相对分子质量
清蛋白	4.88	69 000
α_1-球蛋白	5.06	200 000
α_2-球蛋白	5.06	300 000
β-球蛋白	5.12	90 000 ~ 150 000
γ-球蛋白	6.85 ~ 7.50	156 000 ~ 300 000

与蛋白质结合，如本实验所用的染料氨基黑 10B。染色后，用漂洗液漂洗，漂洗液可洗去薄膜上未与蛋白质结合的染料，但是不能洗去已与蛋白质结合的染料。这样，漂洗之后就可以在薄膜上看到不同的蛋白质处于不同的位置，形成电泳区带。醋酸纤维素薄膜法显示血清蛋白质从阳极端起依次为清蛋白、α_1-球蛋白、α_2-球蛋白、β-球蛋白和 γ-球蛋白五条区带 。

【实验用品】

1. 试剂

(1)新鲜血清(制备时要无溶血现象)。

(2)电极缓冲液　巴比妥-巴比妥钠缓冲溶液(pH = 8.6，0.075mol/L，离子强度为0.06)。称取巴比妥 1.66g 和巴比妥钠 12.76g，合并后用蒸馏水溶解并定容至 1 000mL。

(3)染色液　称取氨基黑 10B 0.5g，加入蒸馏水 40mL、甲醇 50mL 和冰醋酸 10mL，混匀，在具塞试剂瓶中贮存。

(4)漂洗液　量取 95% 乙醇 45mL、冰醋酸 5mL 和蒸馏水 50mL，混匀，在具塞试剂瓶中贮存。

2. 器材

镊子(或竹夹)、醋酸纤维素薄膜、滤纸、铅笔与直尺、点样器、电泳仪、水平电泳槽。

【实验方法】

1. 仪器和薄膜的准备

(1)醋酸纤维素薄膜的润湿和选择　取一条 2cm × 8cm 的醋酸纤维素薄膜，应选用质地均匀的薄膜，小心放入盛有缓冲溶液的培养皿内。

将选用的薄膜用镊子轻压，使它全部浸入缓冲溶液内，待膜完全浸透(约 20min)后取出，夹在干净的滤纸中间，轻轻吸去多余的缓冲溶液，同时分辨出光泽面和无光泽面。

(2)制作"滤纸桥"　剪裁尺寸合适的滤纸条。取双层附着在电泳槽的支架上，使它的一端与支架的前沿对齐，而另一端浸入电极槽的缓冲液内。然后，用缓冲液将滤纸全部润湿并驱除气泡，使滤纸紧贴在支架上，即为"滤纸桥"。按照同样的方法，在另一个电极槽的支架上制作相同的"滤纸桥"。它们的作用是联系醋酸纤维素薄膜和两极缓冲液之间的中间"桥梁"(图 1-1)。

(3)平衡　用平衡装置，使两个电极槽内缓冲液的液面彼此处于水平的状态。一般需要平衡 15 ~ 20min。

2. 点样

用点样器蘸取少量血清，以印章法在薄膜无光泽的一面点样。点样处距离膜边缘约1.5cm 处，位置居中(图 1-2)。点样时，轻压 1 ~ 2s，使血清渗透到薄膜内，不能重复

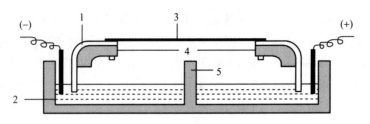

图1-1 水平电泳槽剖视示意图

1. 滤纸桥　2. 电泳槽　3. 醋酸纤维素薄膜　4. 电泳槽支架　5. 电极室中央隔板
（引自周顺伍，2002）

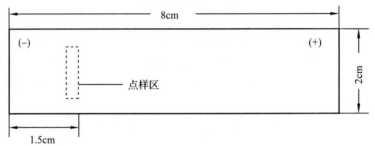

图1-2 醋酸纤维素薄膜的规格及其点样位置示意图
（虚线处为点样位置。引自周顺伍，2002）

点样。

3. 电泳

将已点样的薄膜的无光泽面向下贴在电泳槽支架的"滤纸桥"上，点样端靠近负极。平衡10min，然后通电。调节电压和电流强度，调节到薄膜每厘米宽的电流强度为0.3mA，通电10~15min后，再将薄膜每厘米宽的电流强度调节到0.5mA。一般通电时间为50min左右。

4. 染色与脱色

电泳完毕立即取出薄膜，直接浸入染色液中，染色5min。然后，用漂洗液浸洗，隔5min左右换一次漂洗液，连续更换三次，可使背景颜色脱去。将薄膜夹在干净的滤纸中，吸去多余的溶液。

5. 结果判断

一般在染色后的薄膜上可显现清楚的五条区带。从正极端起，依次为清蛋白、α_1球蛋白、α_2球蛋白、β球蛋白和γ球蛋白。

【注意事项】

1. 血清标本尽量新鲜，不可溶血。
2. 点样时，动作要轻、稳，点样量不宜过多，点样应均匀、集中。
3. 将薄膜表面吸干时若吸的太干或吸的不完全则会影响实验结果。
4. 醋酸纤维素薄膜一定要充分浸透后才能点样。

【思考题】

1. 电泳时，血清样品点在支持介质的哪一端，为什么？
2. 引起电泳图谱不整齐的原因有哪些？

实验 4   动物肝脏 DNA 的提取

【实验目的】

了解 DNA 和 RNA 的不同溶解性质,学习和掌握用盐溶液法从动物组织中提取 DNA 的原理和操作技术。

【实验原理】

核酸是构成生物体最主要的组成成分之一,在生物体中以核蛋白的形式存在。本实验利用在浓盐溶液(1~2mol/L NaCl)中,脱氧核糖核蛋白(DNP)的溶解度很大,核糖核蛋白(RNP)的溶解度很小;而在稀盐溶液(0.14mol/L NaCl)中,脱氧核糖核蛋白的溶解度很小,核糖核蛋白的溶解度很大。因此,可用不同浓度的 NaCl 溶液,使两者分离。同时利用 SDS(十二烷基硫酸钠)使 DNA 与蛋白质分开,再用氯仿-异戊醇将蛋白质沉淀除去,而 DNA 溶于浓盐溶液,向溶液中加入适量高浓度乙醇,DNA 即析出。

为了防止 DNA(或 RNA)酶解,提取时可加入 EDTA(乙二胺四乙酸)。

【实验用品】

1. 试剂

(1)0.14mol/L NaCl-0.10mol/L Na_2EDTA 溶液   溶解 8.18g NaCl 及 37.2g EDTA-Na 于蒸馏水中,稀释至 1 000mL。

(2)25%(w/v)SDS(十二烷基硫酸钠)   溶解 25g SDS 于 100mL 40% 乙醇中。

(3)5mol/L NaCl   将 292.3g NaCl 溶于水,稀释至 1 000mL。

(4)氯仿-异戊醇混合液   氯仿:异戊醇 = 24:1(体积比,v:v)

(5)95% 乙醇。

2. 器材

新鲜猪肝(一次用不完一定要冷冻保存)、匀浆器或研钵、离心机、量筒。

【实验方法】

(1)取冰冻或新鲜动物肝脏约 3g,剪碎,置于研钵中。

(2)加 15mL 0.14mol/L NaCl-0.10mol/L Na_2EDTA 溶液,混匀,充分研磨破碎细胞。

(3)将匀浆液小心倒入离心管中,以 3 500r/min 速度离心 10min。

(4)弃上清液(内含 RNP),取出沉淀物置于小烧杯中(大多为含 DNP 的细胞核)。

(5)于沉淀物中加入 10mL 0.14mol/L NaCl-0.10mol/L Na_2EDTA 溶液,再缓慢滴加 1 mL 25% 的 SDS,边滴加边轻轻搅拌。

（6）加 3mL 5mol/L NaCl，然后加入一倍体积的氯仿-异戊醇混合液，于锥形瓶中水浴振荡 10min。

（7）3 500r/min 离心 10min，离心后分成三层，上层水相含 DNA，中层为变性的蛋白质，下层为氯仿-异戊醇有机溶剂相。

（8）用吸管小心取出上层水相于小烧杯中，然后加入与水相 1.5 倍体积的预冷的 95% 乙醇（边加边顺一个方向轻轻搅拌），这样 DNA 丝状物便缠绕在玻棒上。

【思考题】

1. 所提取的 DNA 是否是纯品？如何进一步提高其纯度？
2. DNA 提取过程中的关键步骤及注意事项有哪些？

实验5　紫外吸收法核酸含量的测定

【实验目的】

1. 掌握紫外分光光度法测定核酸含量的原理和操作方法。
2. 熟悉紫外分光光度计的基本原理和使用方法。

【实验原理】

嘌呤、嘧啶碱基的分子结构中具有共轭双键（ —C—C=C—C=C— ），能够强烈吸收 250~280nm 波长的紫外光，其最大吸收波长在 260nm 左右。核苷、核苷酸及核酸分子组成中都含有这些碱基，因而具有吸收紫外光的作用。根据紫外吸收光谱的变化可以测定各类核酸物质。

核酸的摩尔消光系数 $\varepsilon(P)$ 表示为每升溶液中含有 1 摩尔磷原子的光吸收值。RNA 在 260nm（pH=7.0）处的 $\varepsilon(P)$ 为 7 700~7 800，RNA 的含磷量约为 9.5%，因此每毫升溶液含 $1\mu g$ RNA 的光吸收值相当于 0.022~0.024。小牛胸腺 DNA 钠盐在 260nm（pH=7.0）处的 $\varepsilon(P)$ 为 6 600，含磷量为 9.2%，因此每毫升含 $1\mu g$ DNA 钠盐的溶液的光吸收值相当于 0.020。

测出溶液在 260nm 处的光吸收值，可计算出核酸的含量。紫外吸收法测定核酸类物质含量，方法简便、快速、灵敏度高，但在测定核酸粗制品时，样品中的蛋白质及色素等其他具有紫外吸收的杂质对测定有明显干扰；大分子核酸制备过程中变性降解后有增色效应，因此有时用紫外吸收法测得的核酸的含量值会高于用定磷法测得的值。蛋白质也有紫外吸收，通常蛋白质的吸收高峰在 280nm 波长处，在 260nm 处的吸收值仅为核酸的 1/10 或更低，因此对于含有微量蛋白质的核酸样品，测定误差较小。若待测的核酸制品中混有大量的具有紫外吸收的杂质，则测定误差较大，应设法除去。不纯的样品不能用紫外吸收法作定量测定。

A_{260} 和 A_{280} 分别为样品在 260nm 和 280nm 处的吸光度，从 A_{260}/A_{280} 的比值可判断样品的纯度。纯 RNA 的 $A_{260}/A_{280}=2.0$；DNA 的 $A_{260}/A_{280}=1.8$。当样品中蛋白质含量较高时，则比值下降。RNA 和 DNA 的比值分别低于 2.0 和 1.8 时，表示此样品不纯。本实验采用常用的比消光系数法来测定核酸含量。

【实验用品】

1. 试剂

（1）钼酸铵-过氯酸沉淀剂　取 3.6mL 70% 过氯酸和 0.25g 钼酸铵溶于 96.4mL 蒸馏水中，即得 0.25% 钼酸铵-2.5% 过氯酸溶液。

(2)5%～6% 氨水　用 25%～30% 氨水稀释 5 倍而得。

(3)核酸样品　DNA 或 RNA 溶液。

(4)0.01mol/L NaOH 溶液。

2. 器材

紫外分光光度计、离心机、冰箱、移液管、容量瓶、玻璃棒、电子天平。

【实验方法】

(1)准确称取待测核酸样品 0.5g，加少量 0.01mol/L NaOH 溶液调成糊状，再加适量水，用 5%～6% 氨水调至 pH=7.0，定容至 50mL。

(2)取两支离心管，甲管加入 2mL 样品溶液和 2mL 蒸馏水，乙管加入 2mL 样品溶液和 2mL 沉淀剂(沉淀除去大分子核酸，作为对照)。摇匀后置冰浴或冰箱内 30min，使沉淀完全。

(3)在 3 000r/min 下离心 10min。从甲、乙两管中分别吸取 0.5 mL 上清液，转入相应的甲、乙两容量瓶内，用蒸馏水定容至 50mL。以蒸馏水作空白对照，使用紫外光度计分别测定上述甲、乙两稀释液的 A_{260} 值和甲液的 A_{280} 值，求出 A_{260}/A_{280}，判断样品的纯度。

【实验结果计算】

$$DNA 或 RNA 总含量(\mu g) = \frac{\Delta A_{260}}{0.020(或 0.024)L} V_总 N$$

式中：ΔA_{260}——甲管稀释液在 260nm 波长处 A 值减去乙管稀释液在 260nm 波长处 A 值；

　　　L——比色杯的厚度，1cm；

　　　$V_总$——被测样品液总体积，mL；

　　　N——为稀释倍数；

　　　0.020 或 0.024——每毫升溶液内含 1μg DNA 或 1μg RNA 的 A 值。

$$DNA 或 RNA(\%) = \frac{1mL 待测样品液中核酸(\mu g)}{1mL 待测样品液中制品量(\mu g)} \times 100\%$$

在本实验中，1mL 待测样品液中制品量为 50μg。

计算 A_{260}/A_{280}，判断样品的纯度。

如果待测的核酸样品中不含核苷酸或可透析的低聚多核苷酸，则可将样品配制成一定浓度的溶液(20～50μg/mL)在紫外分光光度计上直接测定。

【注意事项】

1. 紫外分光光度计使用前要预热。

2. 比色皿应成套使用，注意保护，不能拿在光面上。

3. 离心机使用前必须将离心管平衡，对称放置。调速必须从低到高，离心完等转子完全停下后，再打开盖子，然后将转速调到最低。

【思考题】

1. 采用紫外吸收法测定样品的核酸含量，有何优、缺点？
2. 若样品中含有核苷酸类杂质，应如何校正？
3. 干扰本实验的物质有哪些？

实验 6 血液葡萄糖的测定

【实验目的】

1. 掌握采用福林-吴宪氏法测定血液中葡萄糖的原理。
2. 熟悉分光光度计的使用。

【实验原理】

葡萄糖是一种多羟基醛类化合物,具有还原性,在与碱性铜试剂混合加热时,将二价铜离子还原为砖红色的氧化亚铜沉淀。氧化亚铜可使磷钼酸还原生成钼蓝,使溶液呈蓝色。溶液蓝色的深浅与血滤液中的葡萄糖浓度成正比,选用颜色深浅较接近于测定管的标准管进行比色,即可求出测定管中葡萄糖的含量。钼蓝是钼以混合价态形成的一系列氧化物和氢氧化物混合的化合物的总称。钼的平均化合价在 5~6 之间。用不同的还原方式可以得到不同状态的钼蓝。

血糖管的使用:血糖管下部的管径较细,以避免还原生成的氧化亚铜被空气中的氧再氧化,降低实际测定结果。

氧化亚铜与磷钼酸反应的方程式如下:

$$3Cu_2O + 3H_3PO_4 \cdot 2MoO_3 \cdot 12H_2O(磷钼酸) \longrightarrow 6CuO + 3H_3PO_4 \cdot Mo_2O_3 \cdot 12H_2O(钼蓝)$$

【实验用品】

1. 试剂

(1)1/6mol/L 硫酸 取浓硫酸(相对密度 1.84)2.3mL,加入到约 500mL 蒸馏水中,再定容至 1 000mL。用 0.1mol/L NaOH 标定,调整硫酸溶液浓度至 1/6mol/L。

(2)10% 钨酸钠 取钨酸钠($Na_2WO_4 \cdot 2H_2O$)10g,溶于蒸馏水中,并定容至 100mL。

(3)碱性铜试剂 取无水碳酸钠 40g,溶于约 400mL 蒸馏水中;酒石酸 7.5g 溶于约 300mL 蒸馏水中,结晶硫酸铜 4.5g 溶于 200mL 蒸馏水中,均加热助溶。冷却后,将酒石酸溶液倾入碳酸钠溶液中,混合,移入 1 000mL 容量瓶中,再将硫酸铜溶液倾入,并加入蒸馏水至刻度。混匀,贮藏于棕色瓶中。

(4)磷钼酸试剂 取钼酸($HMoO_4$)70g 和钨酸钠 10g,加入 10% NaOH 溶液 400mL 及蒸馏水 400mL,混合后煮沸 20~40min,以除去钼酸中存在的氨(直至无氨味为止),冷却后加入磷酸(80%)250mL,混匀,最后以蒸馏水稀释至 1 000mL。

(5)0.25% 苯甲酸溶液 称取苯甲酸 2.5g,加入 1 000mL 蒸馏水中,煮沸使溶解,冷却后补加蒸馏水至 1 000mL,贮存于棕色瓶中。

（6）葡萄糖贮存标准液（10 mg/mL） 将少量无水葡萄糖（分析纯或化学纯）置于硫酸干燥器内过 1 夜。精确称取 1.000g 此葡萄糖，以 0.25% 苯甲酸溶液溶解并转入 100mL 容量瓶内，再以 0.25% 苯甲酸溶液稀释至 100mL，贮于试剂瓶中，可长期保存。

（7）葡萄糖应用标准液（0.1mg/mL） 准确吸取葡萄糖贮存标准液 1.0mL，置于 100mL 容量瓶内，以 0.25% 苯甲酸溶液稀释至 100mL 刻度。

（8）1:4 磷钼酸稀释液 取磷钼酸试剂 1 份，加蒸馏水 4 份，混匀即可。

2. 器材

分光光度计、恒温水浴锅、移液管、离心机、容量瓶、血糖管、锥形瓶。

【实验方法】

（1）用钨酸法制备 1:10 全血无蛋白滤液。钨酸钠与硫酸混合产生钨酸和硫酸钠，游离的钨酸被蛋白质吸附，形成不溶性的钨酸蛋白而沉淀，经过滤或离心，除去沉淀即得无蛋白的血滤液。

具体操作如下：

①取 50mL 小烧杯一个。

②吸取充分混匀的抗凝血 1 mL，擦净管外血液，缓慢放入小烧杯底部。

③准确加入蒸馏水 7 mL，混匀，使完全溶血。

④加入 1/6 mol/L 的硫酸溶液 1mL，随加随摇。

⑤加入 10% 的钨酸钠 1 mL，随加随摇。

⑥放置约 5min 后，以 3 000r/min 转速离心 10min，即得完全澄清无色的无蛋白血滤液。

用此法制得的无蛋白血滤液为稀释 10 倍的血滤液。即每毫升血滤液相当于全血 0.1mL，适用于葡萄糖、非蛋白氮、尿素氮、肌酸酐和氯化物等的测定。

（2）取 4 支血糖管，按表 1-8 加样操作。

表 1-8　血糖含量测定加样表 　　　　　　　　　　　　　　　　　　　　　mL

试剂	空白管	标准管	样品管
无蛋白滤液	0	0	1.0
蒸馏水	2.0	0	1.0
标准葡萄糖应用液	0	2.0	0
碱性铜试剂	2.0	2.0	2.0

混匀，置沸水浴中煮 8min 后取出，用流动自来水冷却 3min（切勿摇动血糖管）；再各加磷钼酸试剂 2 mL，混匀后放置 2min（使二氧化碳气体逸出）；再加 1:4 磷钼酸稀释液至 25 mL 刻度处后，用橡皮塞塞紧管口，颠倒混匀，用空白管调"0"点，在 620nm 波长处进行比色，读取各管的吸光度值。

【实验结果计算】

$$\text{葡萄糖含量}(\text{mg}/100\text{mL}) = \frac{\text{样品管吸光度}}{\text{标准管吸光度}} \times 0.2 \times \frac{100}{0.1} = \frac{\text{样品管吸光度}}{\text{标准管吸光度}} \times 200$$

【注意事项】

1. 无蛋白血滤液制备操作中，加入硫酸、钨酸钠试剂时要一滴一滴地加，边加边摇，使血液中的蛋白质充分变质。所用方法是将原来样品稀释 10 倍，因此 1mL 无蛋白血滤液相当于 0.1mL 的全血。

2. 等水沸腾后，才能放入血糖管。加热时间要准确至 8min。

3. 冷却时切不可摇动血糖管，以免还原的氧化亚铜被空气中的氧再氧化，降低实际测定结果。

实验 7　血清总脂的测定

【实验目的】
掌握香草醛法测定总脂的原理与方法，了解正常动物血清中总脂含量。

【实验原理】
本实验是利用香草醛法测定血清总脂。血清中脂类，尤其是不饱和脂类与浓硫酸作用，并经水解后生成碳正离子。试剂中香草醛与浓磷酸的羟基作用生成芳香族的磷酸酯，由于改变了香草醛分子中的电子分配，使醛基变成活泼的羰基。此羰基与碳正离子发生反应，生成红色的醌化合物。

【实验用品】
1. 试剂
（1）浓硫酸。
（2）浓磷酸。
（3）0.6% 香草醛溶液　称取香草醛 0.6g，用蒸馏水溶解并稀释至 100mL。贮存于棕色瓶内，可保存 2 个月。
（4）总脂标准液（4mg/mL）　精确称取纯胆固醇 400mg，置于 100mL 容量瓶内，用冰醋酸溶解并稀释至 100mL。

2. 器材
分光光度计、电炉、试管、移液管。

【实验方法】
取三支试管，按表 1-9（1）进行加样操作。

表 1-9（1）　脂类水解液制备加样表　　　　　　　　　　　　　　　　　　　mL

试剂	空白管	标准管	测定管
血清	0	0	0.1
总脂标准液	0	0.1	0
浓硫酸	0	1.2	1.2

充分混匀，置于沸水浴中加热 10min，使脂类水解。取出后置于冷水浴中冷却。

另取二支试管，与前一支空白试管一起，按表1-9(2)进行加样操作。

表 1-9(2)　血清总脂测定加样表 mL

试剂	空白管	标准管	测定管
吸取表1-9(1)水解液于另一试管中	0	0.2	0.2
浓磷酸	3.0	2.8	2.8
0.6%香草醛溶液	1.0	1.0	1.0

用玻璃棒充分搅匀。20min 后，在 525nm 波长处进行比色测定。用空白管调节"0"点，分别读取各管的吸光度值。

【实验结果计算】

$$血清总脂(mg/100mL) = \frac{测定管吸光度}{标准管吸光度} \times 0.1 \times 4 \times \frac{100}{0.1} = \frac{样品管吸光度}{标准管吸光度} \times 400$$

实验 8　血清谷丙转氨酶(GPT)活性测定

【实验目的】

掌握测定血清谷丙转氨酶(GPT)活性的原理和方法，了解氨基转移作用在蛋白质的中间代谢中的意义及测定血清转氨酶的临床意义。

【实验原理】

转氨酶催化转氨基反应。转氨酶在氨基酸的分解、合成，及糖、脂、蛋白质三大物质的相互联系、相互转化上起到很重要的作用。转氨酶种类很多，在动物的心、脑、肾、肝细胞中含量很高，在植物和微生物中分布也很广，其中以谷丙转氨酶(GPT)和谷草转氨酶(GOT)活力最强。GPT 在肝细胞中含量最丰富，它催化 α-酮戊二酸和 L-丙氨酸反应生成 L-谷氨酸和丙酮酸。正常人的血清中 GPT 含量很少，活性很低，但当肝细胞受损时(如肝炎等病变)，GPT 从肝细胞释放到血液中，使血清中的 GPT 活性显著增高。测定 GPT 活性是临床上检查肝功能是否正常的重要指标之一。

GPT 作用于 L-丙氨酸和 α-酮戊二酸后生成的一种产物——丙酮酸可与2,4-二硝基苯肼反应生成2,4-二硝基苯腙。2,4-二硝基苯腙在碱性条件下呈棕红色，其颜色的深浅与丙酮酸的含量成正比，可用分光光度法进行丙酮酸的定量测定。因此在一定的条件下，可进行 GPT 活性的测定并计算出血清中 GPT 的活性单位数。

GPT 活性单位定义：1mL 血清与基质在37℃作用60min，生成1μmol 丙酮酸时，叫一个转氨酶活性单位。

【实验用品】

1. 试剂

(1)0.1mol/L 磷酸盐缓冲液(pH = 7.4)　称取 13.97g K_2HPO_4 和 2.69g KH_2PO_4 溶于蒸馏水中，定容至 1 000mL。

(2)丙酮酸标准液(2μmol/mL)　准确称取纯化的丙酮酸钠22mg，溶于 pH = 7.4 的 0.1mol/L 磷酸盐缓冲液中，定容至100mL。现用现配。

(3)GPT 基质液　称取 0.90g L-丙氨酸，29.2mg α-酮戊二酸，先溶于 pH = 7.4 的 0.1mol/L 磷酸盐缓冲液中。然后用 1 mol/L NaOH 调节 pH 到 7.4，再用 pH = 7.4 的 0.1mol/L 磷酸盐缓冲液定容至100mL，贮存于冰箱中，可使用 1 周。

(4)0.02% 2,4-二硝基苯肼液　称取 20mg 2,4-二硝基苯肼于锥形瓶中，溶于少量的 1mol/L HCl 中。把锥形瓶放在暗处并不时摇动(或加热溶解)，待 2,4-二硝基苯肼全部溶解后，用 1mol/L HCl 定容至100mL。滤入棕色玻璃瓶内，置冰箱内保存。

(5)0.4mol/L NaOH 称取 16g NaOH 溶于蒸馏水中，并定容到 1 000mL。

2. 器材

试管及试管架、移液管或吸量管、恒温水浴锅、721 型分光光度计、坐标纸、新鲜的人血清。

【实验方法】

1. 标准曲线制作

取 6 支试管并编号，按表 1-10 加样操作。

表 1-10 GPT 活性测定标准曲线制作加样表

试剂 ＼ 试管编号	0	1	2	3	4	5
丙酮酸标准液(mL)	0	0.05	0.10	0.15	0.20	0.25
GPT 基质液(mL)	0.50	0.45	0.40	0.35	0.30	0.25
pH＝7.4 磷酸盐缓冲液(mL)	0.10	0.10	0.10	0.10	0.10	0.10
相当的活性单位数	0	100	200	300	400	500

混匀后，置 37℃ 水浴中 30min，再分别加入 2,4-二硝基苯肼液 0.5mL，混匀，保温 20min，各加入 0.4mol/L NaOH 5mL，混匀，继续保温 10min，取出，冷却至室温。

以 0 号管为参照，在 520nm 波长下用分光光度计测定各管的吸光度(A_{520})。

以丙酮酸的活性单位数为横坐标，各管的吸光度(A_{520})为纵坐标，在坐标纸上绘出标准曲线。

2. 血清 GPT 活力的测定

(1)取试管两支，一支加血清 0.1mL(测定管)，另一支加 pH＝7.4 磷酸盐缓冲液 0.1mL。

(2)在两支试管内各加入 GPT 基质液 0.5mL，混匀后 37℃ 水浴 60min。

(3)从水浴中取出两支试管后，各加入 2,4-二硝基苯肼液 0.5mL，混匀后 37℃ 水浴 20min。

(4)从水浴中取出两试管后，各加入 0.4mol/L NaOH 5mL，混匀后放置 10min，在 520nm 处比色，记录吸光度值，查标准曲线，即得所测样品 100mL 血清中所含 GPT 活性单位。

实验9 酪蛋白的制备

【实验目的】

1. 学习从牛奶中分离酪蛋白的原理和方法。
2. 掌握等电点沉淀法提取蛋白质的方法。

【实验原理】

酪蛋白是一种含磷蛋白质的混合物，其等电点为4.7。牛奶中主要的蛋白质是酪蛋白，含量约为35g/L。利用蛋白质等电点时溶解度最低的原理，将牛乳的pH调至4.7时，酪蛋白就沉淀出来。用乙醇洗涤沉淀物，脱脂就可得到纯的酪蛋白。

【实验用品】

1. 试剂

(1) 牛奶。

(2) 0.2mol/L pH=4.7的乙酸-乙酸钠缓冲溶液

A液：0.2mol/L 乙酸钠，称取 $NaAc \cdot 3H_2O$ 54.44g，定容至2 000mL。

B液：0.2mol/L 乙酸溶液，称取纯乙酸（含量大于99.8%）12.0g，定容至1 000mL。

取A液1 770mL、B液1 230mL混合即得pH=4.7的乙酸-乙酸钠缓冲液3 000mL。

(3) 95%乙醇。

(4) 无水乙醚。

(5) 乙醇-乙醚混合液 乙醇:乙醚=1:1（体积比）。

2. 器材

水浴锅、离心机、温度计、电炉、烧杯、表面皿、精密pH试纸或酸度计、电子天平等。

【实验方法】

1. 酪蛋白的粗提

先将牛奶和pH=4.7的乙酸-乙酸钠缓冲溶液放在40℃水浴至恒温。在一烧杯中加入100mL牛奶，再加入100mL pH=4.7的乙酸-乙酸钠缓冲溶液。用pH精密试纸或酸度计调pH至4.7，可见溶液变为乳白色悬浮液，待悬浮液冷却至室温，置于离心管中，以3 000r/min速度离心3~5min，弃去上清液，得酪蛋白粗品。

2. 酪蛋白的纯化

于离心管中加入 5mL 蒸馏水，用玻棒充分搅拌，洗涤除去其中的水溶性杂质（如乳清蛋白、乳糖及残留的缓冲溶液），以 3 000r/min 速度离心分离 3~5min，离心后弃去上清液。再用蒸馏水洗涤一次。于离心管沉淀中加入 5mL 95% 乙醇，充分搅拌，以 3 000r/min 速度离心分离 3~5min，离心后弃去乙醇溶液。用乙醇洗涤主要是除去磷脂类物质。用乙醇-乙醚混合液洗 2 次，最后再用乙醚洗 2 次，以除去脂肪类物质。将酪蛋白沉淀物在表面皿上摊开，风干，称重，并计算得率。

3. 计算

$$得率 = 测得的含量/理论含量 \times 100\%$$

牛乳中酪蛋白的理论含量为 3.5g/100mL。

【注意事项】

1. 由于本实验是应用等电点沉淀法来制备蛋白质，故调节牛奶液的 pH 值一定要准确，最好用酸度计测定。

2. 因乙醚是挥发性、有毒的有机溶剂，精制过程最好在通风橱内操作。

3. 目前市面上出售的牛奶是经加工的奶制品，不是纯净牛奶，所以计算时应按产品的相应指标计算。

【思考题】

1. 制备高产率酪蛋白的关键是什么？

2. 离心机使用时应注意什么？

3. 用本实验方法得到的蛋白质是否具有生物活性？

实验 10 维生素 C 的定量测定

【实验目的】

1. 学习维生素 C 定量测定法的原理和方法。
2. 进一步熟悉、掌握微量滴定法的基本操作技能。

【实验原理】

在一定量的盐酸酸性试液中加碘化钾-淀粉指示剂,用已知浓度的碘酸钾滴定。因为碘酸钾是一种氧化剂,当滴入碘酸钾后即释放出游离的碘,此碘被维生素 C 还原,而维生素 C 被氧化成脱氢抗坏血酸。反应继续进行,直至维生素 C 完全被氧化为止。再滴入碘酸钾溶液时,释放出的碘因无维生素 C 与其作用,可使淀粉指示剂呈蓝色,即为终点。本法简单、快速,可准确测定 25g 维生素 C 的量。对维生素 C 纯品进行测定的结果表明实验误差不超过 ±2%。其反应方程如下:

$$KIO_3 + 5KI + 6HCl \longrightarrow 6KCl + 3H_2O + 3I_2$$

【实验用品】

1. 试剂

(1)0.001 mol/L KIO$_3$ 标准溶液 精确称取 KIO$_3$ 0.3568g,溶解定容至 100mL,取此原液 10mL 于 100mL 容量瓶中,用蒸馏水稀释至刻度即可。

(2)1% 碘化钾水溶液(w/v)。

(3)0.5% 可溶性淀粉指示剂溶液(w/v) 称取 0.5g 可溶性淀粉,加入少量蒸馏水调成糊状,然后缓慢倒入 60mL 沸腾的蒸馏水中,搅动煮沸 1min。冷却至室温后加蒸馏水至 100mL。

(4)2% 的盐酸。

2. 器材

研钵、烧杯、100mL 容量瓶、移液管、滴定管、漏斗、纱布、电子天平、碘量瓶。

【实验方法】

1. 测样准备

取 20 g 蔬菜或水果放入研钵,加 2% 的盐酸 5~10mL,研磨成匀浆,彻底转移到 100mL 的容量瓶中,并用 2% 的盐酸定容,用两层纱布过滤,滤液作测定用。

2. 滴定

精确量取样品溶液 5mL、1% 碘化钾溶液 0.5mL、蒸馏水 2.5mL、0.5% 可溶性淀粉

2mL 于锥形碘量瓶中，随即用 0.001mol/L KIO₃ 标准溶液进行滴定。边滴定边振摇，直至微蓝色不褪为终点(1min 内不褪色为止)，记录所用 KIO₃ 溶液体积。再做一个空白试验，在计算前，需将样品的滴定消耗 KIO₃ 溶液体积减去空白试验的滴定消耗 KIO₃ 溶液体积得 V。

3. 计算

维生素 C 含量(mg/每份) $= Vc$

式中：V——样品滴定实际消耗 0.001mol/L KIO₃ 标准溶液的体积，mL；

c——0.088，即 1mL 0.001mol/L KIO₃ 标准溶液相当于 0.088 mg 抗坏血酸。

实验 11　氨基酸的分离——纸层析法

【实验目的】

通过氨基酸的分离，学习纸层析的基本原理及操作方法。

【实验原理】

纸层析是以滤纸作为支持物的分配层析法。它利用不同物质在同一推动剂中具有不同的分配系数的性质，经层析而达到分离的目的。在一定条件下，一种物质在某溶剂系统中的分配系数是一个常数，若以 K 表示分配系数，则：

$$K = \frac{溶质在固定相中的浓度}{溶质在流动相中的浓度}$$

层析溶剂（又称推动剂）是选用有机溶剂和水组成的。滤纸纤维素与水有较强的亲和力（纤维素分子的葡萄糖基上的—OH 基与水通过氢键相互作用），能吸附很多水分，一般达滤纸重的 22 % 左右（其中约有 6 % 的水与纤维素结合成复合物），由于这部分水扩散作用降低而形成固定相；而推动剂中的有机溶剂与滤纸的亲和力很弱，一般在滤纸的毛细管中自由流动，形成流动相。层析时，点有样品的滤纸一端浸入推动剂中，有机溶剂连续不断地通过点有样品的原点处，使其上的溶质依据本身的分配系数在两相间进行分配。随着有机溶剂不断向前移动，溶质被携带到新的无溶质区并继续在两相间发生可逆的重新分配，同时溶质离开原点不断向前移动，溶质中各组分的分配系数不同，前进中出现了移动速率差异，通过一定时间的层析，不同组分便实现了分离。物质的移动速率以 R_f 值表示：

$$R_f = \frac{原点到层析点中心的距离}{原点到溶剂前沿的距离}$$

溶质的结构与极性、溶剂系统的物质组成与比例、pH 值、滤纸质地以及层析温度、时间等都会影响 R_f 值。只要实验条件（如温度、层析溶剂的组分、pH 值、滤纸的质量等）不变，R_f 值是常数，由此可以达到分离、定性、鉴别的目的。如果溶质中氨基酸组分较多或其中某些组分的 R_f 值相同或相近，用单向层析不易将它们分开，为此可进行双向层析，在第一溶剂层析后将滤纸转动 90°，以第一次层析所得的层析点为原点，再用另一种溶剂层析，即可达到分离目的。由于氨基酸无色，可利用茚三酮反应使氨基酸层析点显色，从而进行定性和定量测定。

【实验用品】

1. 试剂

(1)6mol/L HCl。

(2)标准氨基酸 0.5%的赖氨酸、缬氨酸、亮氨酸溶液及它们的混合物(各组分含量均为0.5%)。

(3)层析溶剂 将4体积正丁醇和1体积冰醋酸放入分液漏斗中,与5体积水混合,充分振荡,静置后分层,弃去下层水层。

(4)0.1%水合茚三酮正丁醇溶液 称取茚三酮0.1g于100 mL正丁醇中溶解。

2. 器材

层析滤纸、烧杯、剪刀、层析缸、培养皿、猴头喷雾器、微量加样器或毛细管、吹风机、直尺、铅笔等。

【实验方法】

1. 纸层析法分离氨基酸

取1张10cm×10cm的层析滤纸放在普通滤纸上,用直尺和铅笔在距滤纸底边2cm处划一条平行于底边的很轻的直线做为基线。沿直线以一定的间隔做标记以指示标准氨基酸和氨基酸混合液的加样位置。用毛细管吸少量氨基酸样品点于标记的位置上。点样时,毛细管口应与滤纸轻轻接触,样点直径一般控制在0.3cm之内。用吹风机稍加吹干后再点下一次,重复3次,每次的样品点应完全重合。加样完毕后,将滤纸卷成圆筒状,使基线吻合,两边不搭接,用针和线将纸两边缝合。将点好样品的滤纸移入层析缸中(层析缸内事先加入一个注入40mL层析溶剂的直径为10cm的培养皿,使液层厚度为1cm左右,盖上层析缸的盖子保持20min,以保证罩内有一定蒸汽压),采用上行法进行层析。当溶剂前沿上升到距纸上端1cm时,取出滤纸,立即用铅笔记下溶剂前沿的位置,剪断缝线,用吹风机吹干滤纸上的溶剂。然后用茚三酮正丁醇溶液均匀地喷洒在滤纸的有效面上,切勿喷得过多致使斑点扩散。然后将滤纸放入烘箱,于80℃下显色5min后取出。

2. 结果处理

用铅笔轻轻描出显色斑点的形状,并用直尺度量每一显色斑点中心与原点之间的距离和原点到溶剂前沿的距离,计算各色斑的R_f值,与标准氨基酸的R_f值对照,并判断混合样品中都有哪些氨基酸。

【注意事项】

1. 取滤纸前,要将手洗净,这是因为手上的汗渍会污染滤纸,并尽可能少接触滤纸;如果条件许可,也可戴上一次性手套拿滤纸。要将滤纸平放在洁净的纸上,不可放在实验台上,以防止污染。

2. 点样点的直径不能大于0.5cm,否则分离效果不好,并且样品用量大会造成"拖尾巴"现象。

3. 层析开始时切勿使样品点浸入溶剂中。作为层析溶剂的正丁醇要重新蒸馏,甲酸须用分析纯的。且层析溶剂要临用前配制,以免发生酯化,影响层析结果。

【思考题】

1. 纸层析法的原理是什么?
2. 何谓 R_f 值? 影响 R_f 值的主要因素是什么?

实验 12　微量凯氏定氮法测定蛋白质含量

【实验目的】
掌握微量凯氏定氮法定量测定蛋白质含量的原理和操作技术。

【实验原理】
　　首先将生物材料与浓硫酸共热，硫酸分解为 SO_2、H_2O 和 $[O]$，把有机物氧化成 CO_2、H_2O，而有机物中的氮转变为 NH_3，并进一步生成 $(NH_4)_2SO_4$。为了加速有机物质的分解，在消化时通常加入多种催化剂，如硫酸铜、硫酸钾和硒粉等。消化完成后，加入过量的氢氧化钠，将 NH_4^+ 转变成 NH_3，通过蒸馏把 NH_3 导入过量的硼酸溶液中，再用标准盐酸滴定，直到硼酸溶液恢复原来的氢离子浓度。滴定消耗的标准盐酸的摩尔数即为 NH_3 的摩尔数，通过计算即可得出总氮量。

　　蛋白质是一类复杂的含氮化合物。每种蛋白质都有其恒定的含氮量（约在 14% ~ 18%，平均为 16%）。凯氏定氮法测定出的含氮量，再乘以系数 6.25，即为粗蛋白质含量。本法适用于测定 0.2 ~ 1.0mg 氮。

【实验用品】
1. 试剂
(1)浓硫酸。
(2)40% 氢氧化钠。
(3)0.0100mol/L 标准盐酸溶液。
(4)2% 硼酸溶液。
(5)混合催化剂　K_2SO_4:$CuSO_4 \cdot 5H_2O$ = 3:1，充分研细备用。
(6)混合指示剂　取 50mL 0.1% 甲基蓝乙醇溶液与 200mL 0.1% 甲基红乙醇溶液混合，贮于棕色试剂瓶中备用。本指示剂在 pH = 5.2 时为紫红色，pH = 5.4 时为暗蓝色或灰色，pH = 5.6 时为绿色，变色范围为 pH 值 5.2 ~ 5.6，很灵敏。
(7)硼酸-指示剂混合液　取 20mL 2% 硼酸溶液，滴加 2 ~ 3 滴混合指示剂，摇匀后溶液呈紫色即可。

2. 器材
消化管、消化炉、锥形瓶、容量瓶、半自动凯氏定氮仪、滴定装置、磁力搅拌器。

【实验方法】

1. 样品的消化

称样品，加入到消化管中，再加入 10 ~ 15mL 浓硫酸，半勺催化剂，放到消化炉中 420℃加热，直到管中溶液呈较清澈的微绿色。同时另一消化管中除不加样品外加上述同样的试剂作为空白对照。冷却至室温后，将消化液加到 100mL 容量瓶中，定容到 100mL。

2. 蒸馏

取 5 ~ 10mL 定容后的消化液加入消化管中，加 5mL 硼酸-指示剂混合液于锥形瓶中，在半自动凯氏定氮仪上蒸馏，锥形瓶中的硼酸-指示剂混合液由于吸收了蒸馏出来的氨，由紫红色变为绿色。

3. 滴定

在滴定装置上用标准盐酸滴定锥形瓶中的硼酸-指示剂混合液，直至溶液由绿色变回微红色即为滴定终点，记录盐酸用量。

4. 结果计算

$$样品总氮量(\%) = \frac{0.010(A-B) \times 14}{M \times 1\,000} \times \frac{消化液总量(mL)}{测定用消化液总量(mL)} \times 100\%$$

$$样品粗蛋白质含量(\%) = 总氮量(\%) \times 6.25$$

式中：A——滴定样品用去的盐酸平均量，mL；

B——滴定空白用去的盐酸平均量，mL；

M——样品用量，g；

14——氮的原子量。

【注意事项】

1. 往消化管中加样品时，尽量不要加到管壁上，可以用一纸卷插到消化管中，再倒入称好的样品。

2. 消化管中的消化液定容时，少量多次用蒸馏水冲洗消化管，最后冲洗液倒入容量瓶中定容。

3. 盐酸标准溶液要标定。

实验 13　凝胶过滤层析法分离血红蛋白

【实验目的】

1. 掌握凝胶过滤层析法的基本原理及应用。
2. 通过本实验掌握凝胶过滤层析的基本操作技术。

【实验原理】

凝胶过滤(gel filtration)是一种利用凝胶按照分子大小分离物质的层析方法，又称分子筛层析(molecular sieve chromatography)。目前常用于凝胶过滤的凝胶类介质主要有葡聚糖凝胶(商品名为 Sephadex)、琼脂糖凝胶(商品名为 Sepharose)、聚丙烯酰胺凝胶(商品名为 Bio-gel)等。它们都是不溶于水的高聚物，内部有很微细的多孔网状结构。以 Sephadex 为例，它是由一定平均分子量的葡聚糖与环氧氯丙烷交联生成的高聚物，网眼的大小由葡聚糖的分子量与环氧氯丙烷的用量来控制。葡聚糖的分子量越大、环氧氯丙烷用量越大，则交联度越大，凝胶的网眼越小。Sephadex 有很强的亲水性，在水或缓冲液中能吸水膨胀。交联度越大，网眼越小，吸水量也越少。

本实验利用凝胶过滤的特点，先向层析柱中加入 $FeSO_4$ 溶液，形成一个还原带，然后加入血红蛋白样品(血红蛋白与铁氰化钾的混合液)。由于血红蛋白的分子量大，在凝胶床中流速快，当其流经还原带时，褐色的高铁血红蛋白立即变为紫红色的亚铁血红蛋白。亚铁血红蛋白继续下移，与缓冲液中溶解的 O_2 结合，形成鲜红色的氧合血红蛋白。铁氰化钾是小分子化合物，呈黄色带远远地落在后面。这样，就可以形象直观地观察到凝胶过滤的分离效果。

【实验用品】

1. 试剂

(1)磷酸盐缓冲液(pH = 7.0)　称取 $Na_2HPO_4 \cdot 2H_2O$ 2.172g(或 $Na_2HPO_4 \cdot 12H_2O$ 4.368g)、$NaH_2PO_4 \cdot 2H_2O$ 1.076g，溶于蒸馏水中，定容到 1 000mL。

(2)Na_2HPO_4-EDTA-Na_2 溶液　称取 2.69g EDTA-Na_2、3.56g $Na_2HPO_4 \cdot 2H_2O$(或 $Na_2HPO_4 \cdot 12H_2O$ 7.16g)，加蒸馏水溶解并定容至 100mL。

(3)40mmol/L $FeSO_4$ 溶液　称取 $FeSO_4 \cdot 7H_2O$ 1.11g，溶于 100mL 水中(用时现配)。

(4)Sephadex G-25。

(5)固体铁氰化钾[$K_3Fe(CN)_6$]。

(6)抗凝血(动物血样，以 1:6 的比例加入 2.5% 柠檬酸钠，置于 4℃ 冰箱中保存)。

2. 器材

紫外分光光度计、自动部分收集器、烧杯、移液管、胶头滴管、容量瓶、玻璃棒、比色皿、pH试纸、电子天平、层析柱、恒流泵、洗耳球、铁架台、称量纸。

【实验方法】

1. 凝胶溶胀

称取3g SephadexG-25，加入200mL蒸馏水充分溶胀（室温6h，沸水5h）。待溶胀平衡后，用倾泻法除去细小颗粒，再加入与凝胶等体积的pH = 7.0的磷酸盐缓冲液，在真空干燥器中减压除气，准备装柱。

2. 仪器洗刷安装

3. 装柱

将层析柱垂直固定，旋紧柱下端的螺旋夹，加入1/8柱长的磷酸盐缓冲液。把处理好的凝胶连同适当体积的缓冲液用玻璃棒搅匀，然后边搅拌边倒入柱中，同时开启螺旋夹控制一定流速。最好一次连续装完所需凝胶，若分次装入，需用玻璃棒轻轻搅动柱床上层凝胶，以免出现界面影响分离效果。装柱后形成的凝胶床至少长12cm。当到达所需凝胶柱高度时（本实验达17cm），立即关闭下口，待凝胶自然沉降形成凝胶柱床。凝胶柱床一般应离柱顶3～5cm，并覆盖一层溶液。整个操作过程中，凝胶必需处于溶液中，不得暴露于空气，否则将出现气泡和断层，应当重新装柱。

4. 平衡

继续用磷酸盐缓冲液流过凝胶柱，以压实凝胶，称为平衡。调整缓冲液流量，使胶床表面保持3cm液层，平衡20～30min。

5. 样品制备

取新鲜的抗凝全血5mL，以2 000r/min速度离心10min，弃血浆。用3倍于血细胞体积的0.9% NaCl溶液清洗细胞（颠倒混匀），离心弃去上清液，重复1～2次，至上清液清亮为止。于血细胞中加入10倍体积的蒸馏水，混匀，使血细胞破碎，即得血红蛋白溶液。取1mL血红蛋白溶液放入小烧杯中，加5mL磷酸盐缓冲液，再加入27.5mg固体$[K_3Fe(CN)_6]$，用玻璃棒搅动使其溶解，即得褐色的高铁血红蛋白溶液。

6. 层析柱还原层的形成

吸取1mL $FeSO_4$溶液和1mL Na_2HPO_4-EDTA-Na_2溶液，于小烧杯中混匀。旋开层析柱下端旋扭，待胶床上部的缓冲液几乎全部进入凝胶时，立即加入0.4mL上述混合液，待其进入胶床后，加0.5mL缓冲液。（注意：还原剂混合液要新鲜配制，尽可能缩短其与空气接触的时间。）

7. 上样

当胶床表面仅留约1mm液层时（齐平），吸取0.5mL血红蛋白样品溶液，小心地注入层析柱胶床面中央，注意切勿冲动胶床，慢慢打开螺旋夹，待大部分样品进入胶床，床面上仅有1mm液层时，用滴管加入少量缓冲液，使剩余样品进入胶床，然后用滴管小心地加入3～5cm高的缓冲液。

8. 洗脱

继续用磷酸盐缓冲液洗脱，调整流速，使上、下流速同步保持每分钟约 6 滴。观察并记录实验现象。

9. 光谱测定

(1)对照(缓冲液)。

(2)样品制备剩余溶液(取 0.5mL 稀释到 10mL，根据具体情况而定稀释倍数)。

(3)收集器试管中的红色溶液(取 5mL 稀释到 10mL，根据情况而定，颜色较浅时不用稀释)。

10. 结果处理

描述并解释实验现象，讨论凝胶过滤的效果。最后用洗脱液把柱内有色物质洗脱干净，保留凝胶柱重复使用或回收凝胶。

【注意事项】

1. 装柱后若发现柱床有气泡或分层的界面，需要重新装柱。

2. 柱的高度要适宜，过多则流速太慢；过少则分离不充分。特别注意凝胶应始终处于溶液中。

3. 流速不要过快，否则小分子物质来不及扩散，就会随大分子物质一起被洗脱下来，达不到分离目的。

4. 要等到液面与胶床相切时再加样品，并防止液面低于胶床，造成裂柱。加液时要轻缓，以免破坏胶柱。

5. 一般凝胶柱用过后，反复用缓冲液(2~3 倍床体积)通过柱即可。

【思考题】

1. 在向凝胶柱中加入样品时，为什么必须保持胶面平整? 上样体积为什么不能太大?

2. 请解释为什么在洗脱样品时，流速不能太快或者太慢?

第 2 章　遗传学

实验 1　光学显微镜的构造与使用

【实验目的】
1. 了解光学显微镜的基本构造。
2. 熟练掌握光学显微镜的使用方法和注意事项。

【实验材料】
（1）新鲜材料　玉米幼穗。
（2）永久制片　玉米、小麦、大蒜、蚕豆、水仙、小白鼠、果蝇、大兔、鸡等制片。

【实验用具及药品】
显微镜、载玻片、盖玻片、解剖针、纱布、吸水纸、擦镜纸、弯头镊子、弯头解剖针、培养皿、酒精灯、水浴锅、1% 醋酸洋红、二甲苯等。

【实验内容】
光学显微镜是研究动、植物学最常用的仪器，因为在各种生物体中能被人眼直接看到的细胞为数并不多，绝大部分细胞都必须借助显微镜才能观察到。目前，显微镜的类型很多，但现在实验室经常使用的是双目生物光学显微镜。它是利用人眼可见光作为光源观察物体，最高分辨率可达 $0.2\mu m$，放大倍数为 1 600X，其结构复杂，属精密光学仪器，操作时要特别谨慎小心。因此，要求学生学会和熟练掌握光学显微镜的使用方法以及相关注意事项，对于延长显微镜的使用寿命是非常重要的。

一、光学显微镜的基本构造

光学显微镜是由机械装置和光学系统两部分构成的。

1. 光学显微镜的机械装置部分

光学显微镜的机械装置部分主要包括镜座、镜臂、载物台（镜台）、镜筒、物镜转换器、调焦手轮。

（1）镜座　镜座位于显微镜最底部，为整个显微镜的基座，用于支持和稳定镜体，使显微镜放置稳固。镜座内装有变压器、照明光源，侧面还装有主电源开关和旋光钮。

（2）镜臂 镜臂位于镜座的后端，是整个显微镜的支架，也是取放显微镜时手握的部位。镜臂两侧有粗、细调焦手轮。

（3）载物台（镜台） 载物台为长方形，是用于放置标本的平台，其中央有一通光孔，台上装有标本移动器或弹性压片夹，可以夹住标本。右下方有标本移动螺旋，转动螺旋可前后左右移动玻片标本。

（4）镜筒 镜筒是安装于显微镜最上方中空的圆筒，一般长度为 160 mm，其上端放置目镜，下端连接物镜转换盘。

（5）物镜转换盘 物镜转换盘又叫物镜转换器，位于镜筒下端的圆盘，可以自由转动，盘上有 4 个螺旋圆孔，用以安装不同放大倍数的物镜，转动转换盘，可以调换不同倍数的物镜。转动转换盘时，听到咔嗒声，就说明物镜到达工作位置，此时可进行观察。

（6）调焦手轮 调焦手轮位于镜臂的两侧，旋转时可使载物台或镜筒上升或下降，大的为粗调焦手轮，小的为细调焦手轮，粗、细调焦手轮为两个同心轮。调节大的粗调焦手轮使镜台升降幅度大，用于低倍物镜调焦时使用；小的微调焦手轮使镜台升降幅度微小，用于高倍物镜观察时作微调焦使用。

2. 光学显微镜的光学系统

光学显微镜的主要部分是光学系统，主要包括目镜、物镜和聚光镜。

（1）目镜 目镜安装在镜筒的上端，起着将物镜所分辨到的物像进一步放大的作用，通常每台显微镜备有 10X、16X 等不同放大倍率的目镜，可根据不同的需要选择使用，一般常用的是 10X 的目镜。显微镜的放大倍数是物镜的放大倍数与目镜的放大倍数的乘积。例如，物镜为 10X，目镜为 40X，则显微镜的放大倍数为 $10 \times 40 = 400X$。一般在目镜内常装有一段毛发做为指针，用以指示要观察的目标。

（2）聚光镜 聚光镜位于载物台下通光孔的下方，由数片凸透镜组成，相当于一个凸透镜，其主要功能是将光线集中到所要观察的标本上，以增强对标本的照明强度，使物像更清晰。聚光镜内装有孔径光阑，其外侧伸出一操纵杆，拨动操纵杆，可调节通光量和照明面积。

（3）物镜 物镜安装在镜筒下端的物镜转换盘上。物镜决定显微镜分辨率的高低，因此它是显微镜的重要光学部件。物镜的放大倍数在物镜镜头上有注明。常用的低倍物镜为 4X、10X，镜头较短。高倍物镜为 40X，100X 物镜称为油镜，镜头较长。低倍物镜常用于寻找和观察标本的目标物像，高倍物镜则用于观察标本的细微结构。

二、显微镜的使用方法

（1）将显微镜从镜柜中取出时应一手握住镜臂，一手平托着镜座，一定要保持显微镜直立，不能倾斜，更不能用单手提着显微镜，以免目镜从镜筒上端滑出。

（2）将显微镜放在实验台上时，动作要轻，观察时，显微镜应放在离台边 10cm 处。不用时应将显微镜放在台面中央，套上防尘罩。

（3）插上电源插头，打开显微镜电源开关，通过转动旋光钮调节光线亮度，使视野内的光线亮度达到明暗适宜。

（4）光线调好后，转动物镜转换盘（注意不要直接搬动物镜），将最低倍物镜（4X）对准通光孔。

（5）把要观察的玻片标本放置于载物台上，用压片夹压紧，并将要观察的目标移到通光孔中央，即可观察。

（6）先用最低倍物镜（4X）寻找目标物像。观察时，双眼注视目镜内，双手推拉双目镜筒滑板，调至双筒目镜的间距与观察者的两眼瞳距一致，使左、右目镜中二像重合成一个。同时转动粗调焦手轮，直至物像清晰为止。然后把低倍物镜（10X）转向中央，对准通光孔，再调节粗调焦手轮，使物像更清晰。此时的光线如果太强或太弱，可以调节孔径光阑，使光线达到适宜。

（7）高倍物镜（40X）的观察，从低倍镜转换成高倍镜前，应先将需观察的目标移到视野中心。再轻轻旋转物镜转换盘，换成高倍物镜（40X）后即可观察（注意此时高倍镜头离玻片距离很近，眼睛要侧视，看一看物镜是否与玻片相碰，以免磨损高倍物镜镜头），观察时如物像不清晰，只能用微调焦手轮调至物像清晰，禁止使用粗调焦手轮。物像看清后，注意移动玻片时，视野中物像的移动方向与玻片的移动方向是相反的。

（8）油镜的使用，在使用100X的油镜时，首先转动粗调焦手轮，把载物台降至最低，轻轻旋转物镜转换盘，将油镜镜头对准载物台通光孔中央。在玻片标本的镜检部位滴上一滴香柏油为介质，轻轻转动粗调焦手轮，小心缓慢升高镜台，从侧面观察，使油镜镜头浸没于香柏油内，从目镜观察直至出现物像为止，再用细调焦手轮调至物像清晰，此时若光线太暗，应增加光强度再进行观察。油镜使用完毕，必须用擦镜纸抹去镜头油，再用擦镜纸蘸少许二甲苯擦去残留的镜头油，最后用干擦镜纸擦净。

（9）当转换不同倍数的物镜时，必须听到咔嗒声，物镜才能到达工作位置，此时可进行观察。

（10）显微镜观察使用完毕，关闭电源，把旋光钮旋转到最小位置，旋转物镜转换器，使两个物镜分开至两旁呈八字形，镜头千万不要垂直向下，下降载物台，取下玻片，套上防尘罩，将显微镜按编号放回镜柜中，并在记录本上填写显微镜的使用情况。

三、使用光学显微镜的注意事项和保养

（1）保持显微镜的清洁，避免灰尘、潮湿，更不能与化学试剂接触和靠近。

（2）在收取显微镜时，一定要轻拿轻放。

（3）在转换不同倍数的物镜时，应用手搬动转换盘，切忌直接搬动物镜镜头，以免破坏物镜。

（4）放置和取下玻片标本时，要先将高倍镜移开通光孔，然后在低倍镜下取下或放上玻片，严禁在高倍镜下操作，以防压坏玻片或碰坏高倍物镜。

（5）每次观察时，必须先用低倍物镜（4X）找到目标物像，并在低倍物镜下观察清楚的基础上再逐步转换到高倍物镜观察，注意从低倍物镜转换高倍物镜时眼睛要侧视，

看一看物镜是否与玻片相碰，以免磨损高倍物镜头。

（6）用高倍镜观察时，只能使用微调节手轮调焦，严禁使用粗调节手轮调节焦距，以免移动距离过大，损伤高倍物镜和玻片。

（7）在制作、观察临时制片时，标本上面要加盖盖玻片，同时用吸水纸吸去盖玻片表面及周围溢出的水分或染液。擦干载玻片上的液体，再进行观察，以免污染高倍镜头。

（8）显微镜的光学部分如目镜、物镜、聚光镜和光源等，只能用特殊的擦镜纸擦拭，严禁用手直接接触透镜。如果沾染污渍，可用擦镜纸蘸取乙醚-乙醇(7 份乙醚，3 份无水乙醇)混合液或二甲苯擦拭，再用干擦镜纸擦拭干净。

（9）显微镜属精密光学仪器，千万不可任意拆卸。在使用过程中，如遇故障，要立即报告指导教师解决。

【思考题】

1. 使用显微镜的基本步骤和注意事项有哪些？

2. 用显微镜观察时，为什么不能直接用高倍物镜寻找标本目标？

3. 从低倍物镜转换成高倍物镜时，应注意哪些问题？如何操作才能看清物像？应注意哪几点？

4. 在观察临时制片时，应注意些什么问题？

5. 在使用显微镜观察时，如遇到找不到目标、看不清物像时，分析一下可能的原因是什么？

6. 显微镜观察使用完毕，要做哪些收尾工作？

实验 2　染色体形态特征观察

【实验目的】

1. 了解动、植物种染色体的形态、结构及其特征。

2. 了解物种染色体数目的恒定性，观察同源染色体的形态，染色体组（genome）内各染色体的个体性。

3. 通过上述观察为染色体组型分析奠定基础。

【实验原理】

染色体是细胞核中明显的结构单位，一般情况下只有在细胞分裂时才能出现染色体。不同物种有不同的染色体数目。但同一物种的不同染色体之间却有大小、形态、功能上的差异，也就是说每个染色体都具有一定的个别性。

获得分散清晰的染色体标本，才能准确地识别染色体的个体性及其数目。用一定的物理、化学方法（例如低温或秋水仙素和 8-羟基喹啉等），破坏有丝分裂细胞的纺锤体，处于分裂中期的细胞才会富集，并使染色体分散开，便于观察其典型形态。

有丝分裂中期的染色体是由两条染色单体组成的。在染色体的一定部位有一着丝粒区域，着丝粒是纺锤丝附着的区域。着丝粒被破坏的染色体或无着丝粒的染色体断片，在有丝分裂的后期，都不能正常向两极移动。着丝粒的部位通常不着色，或者缢缩变细，因此也称为主缢痕。

每一染色体的着丝粒位置是一定的。着丝粒位于染色体中部的称中着丝粒染色体；近中部的称近中着丝粒染色体；近于一端的为近端着丝粒染色体；位于一端的称端着丝粒染色体。因此着丝粒的位置是识别染色体的重要指标。染色体以着丝粒为界分为两部分，每一部分称染色体臂。两臂长短相等则称等臂染色体；长度不等，则两臂分别称为长臂和短臂。

有的染色体臂上有另一种不着色的缢缩变细的区域，称为副缢痕或次缢痕。有的副缢痕可能跟核仁形成有关，因此也叫核仁缢痕或核仁形成区域（或核仁组织区）。副缢痕也是染色体的一种固定形态特征，故为识别染色体的重要指标。

有的染色体的末端有一棒状或球状结构，其直径可能和染色体臂一样，也可能小，称为随体。随体与染色体臂之间往往有一次缢痕相隔，具有随体的染色体称为 SAT 染色体。随体的有无也是识别染色体的一个重要特征。

有些植物细胞经低温处理后，往往可看到染色体的某些区段呈孚尔根负反应。这样的区段叫异染色质区，而对低温作用不敏感的，呈孚尔根正反应的区域则叫常染色质区。对于每种染色体，其异染色质有无与分布位置，也是识别染色体的一个重要特征。

观察植物染色体，除有丝分裂中期外，小孢子母细胞减数分裂的终变期及中期I，也是识别染色体的较好时期。在玉米减数分裂的粗线期，细长而紧密联合的各个二价体，由于长度、着丝粒的位置、染色结及染色粒的有无及位置、随体等都可一一识别，所以也是识别染色体个体性的较好时期。

【实验用品】

显微镜、各种动植物染色体制片、幻灯片、铅笔、绘图纸。

【实验方法】

1. 染色体数目

观察下列动、植物染色体数目，从数目、形态和大小上，比较各物种染色体的差别。(1)玉米；(2)小麦；(3)黑麦；(4)蚕豆；(5)牡丹；(6)大蒜；(7)君子兰；(8)桃；(9)小鼠；(10)果蝇唾液腺染色体；(11)人的染色体；(12)大鼠；(13)鸡。

2. 染色体形态及个别性

(1)观察玉米小孢子母细胞减数分裂的粗线期，比较10对染色体的长短、着丝粒的位置以及染色体的大小分布，找出第9染色体(有顶端染色粒)及第6染色体(与核仁连接)，找出着丝粒，区别长短臂。

(2)识别大蒜根尖细胞有丝分裂中期染色体的形态、特征。比较长短、着丝粒的位置、次缢痕分布等。

(3)观察果蝇唾腺染色体，识别巨大多线染色体的特征。

【思考题】

任选3种动、植物材料绘制其染色体图。

实验 3　根尖细胞染色体制片与有丝分裂过程的观察

【实验目的】

1. 学习和掌握对植物组织、细胞的固定、解离、染色、压片技术和方法。

2. 观察了解植物细胞有丝分裂各个时期的细胞学特征，了解有丝分裂全过程，对体细胞染色体计数。

【实验原理】

细胞有丝分裂是体细胞增殖的主要方式之一，也是真核细胞繁殖的基本形式。通过有丝分裂，使遗传物质的生物大分子——脱氧核糖核酸（DNA）得以在细胞间世代相传，通过细胞分裂和细胞分化实现组织发生和个体发育。

细胞有丝分裂全过程包括间期和分裂期。间期分为 G_1 期、S 期、G_2 期，其中 S 期是 DNA 复制期，S 期结束后一个 DNA 分子复制成 2 个 DNA 分子。整个间期细胞内的遗传物质以染色质的状态存在，变化行为在光学显微镜下是观察不到的。间期结束后进入分裂期，通常称之为有丝分裂。此时细胞内的染色质发生一系列变化，由染色质变成染色丝，直至成染色体。根据染色质的变化行为把有丝分裂期分为前期、中期、后期和末期等 4 个衔接的时期。

前期：在细胞核中出现丝状染色体，缠绕成团，开始时可见明显的核仁，随后染色丝通过螺旋化，逐渐缩短变粗成染色体。每条染色体由两条染色单体组成，在着丝点处相连，随着核仁的解体和核膜的破裂而进入中期。

中期：染色体向细胞中部集结，着丝点排列在细胞赤道面上，而两臂可以自由分布，纺锤丝的一端连着染色体的着丝点，另一端集中于细胞的两极，构成了所谓纺锤体。此时染色体盘曲折叠，具有一定的形态，因而是染色体计数和组型分析的最适时期。

后期：每条染色体所包括的两条染色单体，随着着丝点的分裂而开始分离，在纺锤丝的牵引下，每条染色单体向细胞两极移动，成为独立的染色体。

末期：染色体达到两极，逐渐解开螺旋，染色体伸长变细，经历着与前期相反的变化，回复到间期的染色质状态。核膜开始重新形成，核仁也出现，随着纺锤体的解体，在细胞赤道板处形成膜体，再形成细胞板，于是一个细胞分成两个细胞，完成了细胞有丝分裂的全过程。

图 2-1 显示了植物细胞有丝分裂过程。

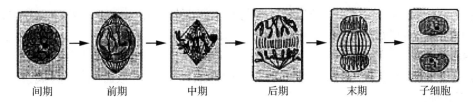

| 间期 | 前期 | 中期 | 后期 | 末期 | 子细胞 |

图 2-1 植物细胞有丝分裂过程

（引自魏道智，2007）

【实验用品】

1. 材料

洋葱($2n=16$)、水仙($2n=22$)、大蒜($2n=16$)、牡丹($2n=10$)、蚕豆($2n=12$)、小麦($2n=42$)、玉米($2n=20$)、黑麦($2n=14$)的根尖。

2. 仪器及器材

显微镜、解剖刀、解剖针、弯头镊子、吸水纸、载玻片、盖玻片、培养皿、指形管、酒精灯、恒温水浴锅、温度计、带橡皮头铅笔、温箱。

3. 试剂

70%乙醇、1mol/L HCl、醋酸洋红染液、铁矾-苏木精染液、卡诺氏固定液、0.04%~0.2%秋水仙碱水溶液、0.002mol/L 8-羟基喹啉、1%~3%果胶酶和纤维素酶混合液，45%醋酸。

【实验方法】

1. 发芽

选取当年收获的大蒜、蚕豆（或小麦、玉米等）种子放在烧杯中水洗。而后放入温水中浸泡一昼夜，使种子充分吸水。将种子捞出，放在盛有预先消毒过的湿锯末的搪瓷盘中，锯末可堆放3~5cm厚（小麦种子可放在铺有湿吸水纸的培养皿内），置于25℃恒温箱内发芽。待胚根长到1.5~3cm时，将胚根洗净，剪下备用（小麦、玉米等的胚芽也可采用）。

2. 材料固定前的预先处理

一般细胞分裂时由于纺锤体的牵引，染色体不一定已缩到最短。故在制片时，要观察染色体的形态须经过这一步。染色体易相互缠绕、重叠，所以材料在固定前须经理化因素（低温或药物）预先处理，目的是改变细胞质黏度，破坏或抑制纺锤体的形成，使染色体缩短，并促使染色体分散等。常用的药物浓度及处理时期如下：0.04%~0.2%秋水仙碱水溶液处理2~5h；α-溴萘饱和水溶液处理0.5~4h；对-二氯苯饱和水溶液处理2~4h；0.002mol/L 8-羟基喹啉处理1.5~2.0h。上述处理一般在室温下进行即可，若低温处理则用蒸馏水在1~4℃下处理24h。药物处理后的根尖用清水冲洗干净。

3. 材料固定

将根尖放在瓶内，倒入卡诺氏固定液，用塞盖紧，在室温下固定24h。固定液用量应为材料体积的 15 倍以上。经过固定的材料如不及时使用，应换入 70% 乙醇中，在 0 ~ 4℃ 冰箱内可保存半年。

4. 解离

解离的作用是使细胞间果胶类物质及细胞壁解体，细胞分散而便于压片观察。方法有以下几种。

(1)酶液解离法　材料在 1:1 的 1% ~ 3% 的果胶酶和纤维素酶混合液中，置于 25 ~ 37℃ 条件下的温箱中(0.5 ~ 2)h，至根尖软化。此法利于材料染色，对于某些酸解需要时间过长且不易染色的材料，采用酶解法为佳，如禾本科的玉米及木本植物等。

(2)盐酸乙醇解离法　浓盐酸与 95% 乙醇等物质的量混合，材料在此液中室温下处理 5 ~ 8min。

(3)1mol/L 盐酸解离法　将根尖材料放置于指形管内，倒入 1mol/L HCl，在 60℃ 恒温水浴锅内处理，处理时间因材料而异。水解适度的材料白色透明，状似豆腐，以解剖针能轻轻压扁为好。解离好的根尖必须用蒸馏水冲洗三遍以上。盐酸水解时间对染色效果影响较大，水解时间短，易着色但较难压片；水解时间长，则染色慢而色淡，超过 20min 或水解温度太高，往往染色极淡甚至染不上色。各材料合适水解时间有差别，一般说，大染色体材料水解时间可长，小染色体材料宜短。

A. 醋酸洋红、醋酸地衣红、卡宝品红染色法的流程如下。

固定材料于 70% 酒精中→水洗 3min 后并吸干→1mol/L 盐酸(60℃ ± 0.5℃)处理蚕豆 8min，玉米、黑麦、洋葱 15min→水洗后，玉米、黑麦、洋葱在 25℃ 下酶解 20min，水洗后存放于小烧杯中→挑取根端白色糊状组织于载玻片上捣烂夹碎→滴加染色液 2 ~ 3min 压片→显微镜检查。

如果染色较浅，可沿盖片滴加染液，待渗入后微烤，可使染色体着色深，细胞质退色，增大核质反差。如果染色较深，可沿盖片一侧滴加 45% 醋酸，另一侧用吸水纸吸去染液并微烤，达到分色的目的。

较好的临时片可做成永久片，依下列简易方法脱水、透明、封胶：

(1)将临时片放入盛有 10% 醋酸的培养皿中，盖片面朝下，玻片一端垫玻璃棒，使盖片自行滑落，也可冰冻揭盖片(注意材料是黏附在载片上或在盖片上)。

(2)在玻片上滴 45% 醋酸，倾斜玻片使药液缓缓流掉。

(3)滴正(叔)丁醇加冰醋酸(1:1)，倾斜玻片使药液流掉。

(4)滴正(叔)丁醇，倾斜玻片，流去药液。

(5)用加拿大树胶封片。

B. 铁矾-苏木精染色，流程如下。

固定材料于 70% 酒精中→50% 酒精 3min→水洗 3min 并吸干→解离同上法→水洗→媒染(4% 铁明矾 32 ~ 40min)→水洗数次，每次 30min→染色(0.5% 苏木精 0.5 ~ 1h 以上)→水洗 10min→分色软化(45% 醋酸分色 10 ~ 20min)→取根端黑色部分于载玻片上捣烂夹碎，滴加 45% 醋酸，压片→显微镜检查。

用此法染色时媒染要充分，媒染后水洗要彻底。苏木精染色也要充分，醋酸(或苦味酸)分色软化要适宜，使染色体染成深蓝色，染色质褪淡。

5. 染色压片

取根尖分生组织，纵横切成几节，分置于几张载玻片上，加一滴 1% 醋酸洋红染色后，加盖玻片静置 3 ~ 5min 后，在酒精灯上反复加热，以不烫手为度，而后包以吸水滤纸，用铅笔上的橡皮敲打盖片，使材料分散呈雾状，压片镜检。若材料染色过深，可在载片一端滴一滴 4.5% 醋酸脱色，另一端用吸水纸吸。

6. 镜检

压好的片子进行镜检，选取细胞分裂相多，细胞分散好，染色体清晰可数的片子，留作制永久片。

【思考题】

每人做出两张分裂相良好的临时片，留待制永久片。

实验 4　花粉母细胞涂抹制片及减数分裂过程中染色体动态观察

【实验目的】

1. 掌握植物花粉母细胞减数分裂材料的取得、固定、染色、涂片和制片的技术和方法。

2. 观察减数分裂的全过程，了解各时期的特征，掌握各时期染色体的行为变化，为学习遗传学基本规律奠定细胞学基础。

【实验原理】

减数分裂(meiosis)是生物在形成生殖细胞过程中进行的一种特殊方式的细胞分裂。它的主要特点是：具有二倍数($2n$)染色体的孢母细胞进行连续两次细胞分裂，而染色体只分裂一次，结果导致了染色体数目的减半。一个性母细胞可形成四个子细胞，每个子细胞只具有单倍的染色体数(n)。减数分裂在遗传上具有重要意义。性母细胞($2n$)经过减数分裂形成的配子实现了染色体数的减半(n)，再经受精作用，雌雄配子融合为合子(zygote)，又使染色体数恢复为($2n$)。这样就保证了每一物种染色体数目的恒定性，从而使物种在遗传上具有相对的稳定性。同时，还包含同源染色体的配对、交换、分离以及非同源染色体的自由组合，这些又导致了遗传重组，从而为生物的变异提供了遗传学的基础。

减数分裂的第一次分裂(M1)和第二次分裂(M2)各包括 4 个时期，两者之间有一短暂的间期(有些生物根本没有间期)。

一、第一次减数分裂(M1)

1. 前期 I

前期 I 又包括 5 个时期，持续时间较长，变化也较复杂。

(1) 细线期　染色体呈现细丝状，头尾不分地绕成一团(光学显微镜下不可见)，核仁明显，核内出现明亮空腔。

(2) 偶线期　同源染色体开始配对，即联会，呈现二价体状态。由于绕成一团不易分散，难于观察。

(3) 粗线期　配对后的染色体逐渐缩短变粗，染色体的个体性逐渐明显，在良好的材料中可以数出染色体的对数。由于每条染色体已复制成两条染色单体，而着丝粒还未分开，这样配对的染色体叫二价体或叫四合体。

(4) 双线期　染色体更为缩短。配对的染色体开始相互排斥，非姐妹染色单体已发生片段交换，所以在某些点上可以出现交叉结，交叉结的数目多少不定。

（5）终变期　同源染色体更加斥离，交叉结向两端移动，称为交叉端化。染色体更加浓缩变短。这时期核仁和核膜逐渐消失，此时对染色体进行计数方便、准确。

2. 中期 I

此时核仁、核膜完全消失。染色体排列于细胞的赤道面上，成对染色体的着丝点朝向两极。纺锤丝出现。从极面观察染色体较为扩散，容易计数。

3. 后期 I

同源染色体由纺锤丝牵引移向细胞的两极。由于这时着丝粒并未分裂，因此，分向细胞两极的染色体数是性母细胞染色体数的一半（n）。

4. 末期 I

染色体到达两极后逐渐解螺旋，又变为细丝状。核仁重现，核膜重建。赤道板（植物中）处产生新的细胞板，形成两个子核，细胞质分裂，形成两个子细胞，叫做二分体。

5. 间期

核仁和核膜在子细胞中完全形成，细胞暂时保持不分裂状态，螺旋并不消失。

二、第二次减数分裂（M2）

1. 前期 II

染色体重新出现，情况完全和有丝分裂的前期一样，也是每条染色体具有两条姐妹染色单体，相互排斥分开，着丝点相连，形成"X"状。所不同的是只有半数染色体，但它的两条染色单体并不是在减数后的间期进行复制的，而是在减数分裂开始前的间期就复制好了的。

2. 中期 II

染色体浓缩变短，每条染色体的着丝点排列于赤道板上，纺锤体出现。每条染色体的姐妹染色单体呈分裂状态，但是着丝粒还未分开。

3. 后期 II

着丝点分裂。每一条染色体纵裂为二，姐妹染色单体成为独立的染色体，开始移向两极。

4. 末期 II

移向两极的染色体逐渐解螺旋，形成新核。核仁、核膜出现，在赤道板处出现了新的细胞板，4 个子细胞形成。

花粉母细胞经过减数分裂后，形成的 4 个子细胞称为四分体，在植物中称为四分孢子（tetraspore），四分孢子于花粉囊中进一步发育成花粉粒。

植物细胞的减数分裂过程见图 2-2。

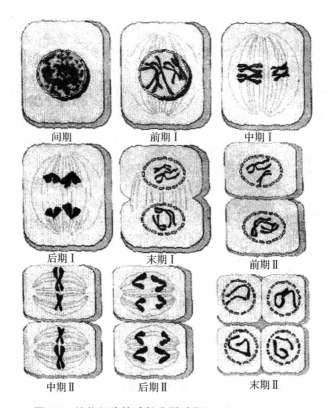

间期　　　　前期Ⅰ　　　　中期Ⅰ

后期Ⅰ　　　　末期Ⅰ　　　　前期Ⅱ

中期Ⅱ　　　　后期Ⅱ　　　　末期Ⅱ

图 2-2　植物细胞的减数分裂过程(引自吴庆余, 2002)

【实验仪器及材料】

1. 材料

植物蚕豆($2n=12$)、玉米($2n=20$)、水稻($2n=24$)、小麦($2n=42$)花序和幼穗的固定材料。

2. 仪器

普通复式光学显微镜。

3. 试剂

染色液、卡诺氏固定液、70% 酒精。

【实验方法】

1. 取材固定

取材的时间及材料大小必须十分恰当，才能获得更多的花粉母细胞分裂相，以供观察。

（1）蚕豆　蚕豆现蕾后，于上午 8~9 时摘取茎顶幼小花序，将周围小叶与苞叶去掉，留长约 1mm 的花苞放入卡诺氏固定液中，固定 3~24h，转入 70% 酒精中保存。

（2）玉米　玉米孕穗初期，从喇叭口往下捏叶鞘，有松软感觉的部位，即为雄花序所在部位。用刀纵向划一切口，剖开取出数条花序分枝检查，如先端小花苞长 3 ~ 4mm，花药长 2 ~ 3mm，花粉母细胞多数分裂相较多，即可取用。取材时间为上午 7 ~ 10 时，气温为 25 ~ 30℃左右，固定、保存方法同上。

（3）水稻、小麦　剑叶与其下一叶的叶枕平齐，即叶枕距为零时取材，通常穗长 6 ~ 8cm，颖花长 3mm 时为花粉母细胞分裂始期；穗长 14 ~ 15cm，颖花长 4mm 时为减数分裂盛期；穗长达全长，颖花长 6mm 时为减数分裂终期。于上午 7 ~ 10 时依上述标准取材，保存方法同上。

2. 染色制片

醋酸-铁矾-苏木精染色法比较适合各种植物花药的压片，许多不易被醋酸洋红、醋酸地衣红染色的花粉母细胞，大多可被醋酸-铁矾-苏木精染上较深的颜色，缺点是细胞质也着色，不便于分色。对于容易被醋酸洋红、醋酸地衣红染色的材料，也可用卡宝品红染色，效果也较好，这几种染色剂的操作方法都相同。

取出经固定的花苞或幼穗，置吸水纸上，吸去保存液或固定液，移至载玻片上，剥出花药，滴一小滴染色液，注意切勿多加，用弯头解剖针截断花药，轻轻挤压，使花粉母细胞在切口处散出。用镊子把药壁残渣除净，这很重要，否则材料不易分散压平，片面不整洁，妨碍观察，制作固定片时会引起材料脱落等。将材料均匀涂抹开来，显微镜初步检查后，如花粉母细胞正处于分裂期，则加上盖片，在其四周加染色液。将载玻片在酒精灯上烘烤，马上压片。如果染色太浅，可在盖片四周稍加染液，待其渗透进去后再烘再压，直至染色清晰。

3. 镜检

（1）必须区分体细胞、花粉母细胞、四分体、小花粉粒和成熟花粉粒，不要弄错。
（2）注意观察减数分裂各期染色体变化特征。

【思考题】

1. 绘出下列各分裂时期的染色体图，注明其特征。
（1）粗线期；（2）终变期；（3）中期Ⅰ；（4）后期Ⅰ；（5）中期Ⅱ；（6）后期Ⅱ。
2. 提交中期可以计数染色体的永久片一张。

实验5　生物染色体的组型分析

【实验目的】

在初步掌握植物染色体玻片标本制作及染色技术的基础上，学习染色体组型分析方法。

【实验原理】

染色体组型又称核型（karyotype），是指某种细胞、某个个体或某个物种的染色体数目和形态学上的总特征，包括染色体的数目、大小和形态；着丝点的位置、次缢痕的位置和数目；随体的有无；异染色质和常染色质的分布等。通过一定的方法进行观测、分析和研究，从而把某种细胞、某个个体或某种生物的染色体组搞清楚。这一工作称为染色体组型分析。

由于处于分裂中期的染色体构造典型，便于分析，一般都以中期分裂相进行分析。中期染色体分裂为两条染色单体，但是着丝粒还未分裂，所以，两条染色体相连于着丝粒，着丝粒在标本上为一淡染区。从着丝粒向两端就是染色体的"两臂"。凡着丝粒不在中央，必然将染色体分割成短臂（P）和长臂（Q），根据着丝粒位置不同，可将染色体分为中部着丝粒染色体（m）；亚中着丝粒染色体（sm）；亚端着丝粒染色体（st）；端着丝粒染色体（t）。在一些亚端着丝粒染色体中，除着丝粒（又叫主缢痕）以外，有时还能看到一段稍窄的淡染区，叫次缢痕。对任何一个染色体的基本形态学特征来说，重要的参数有以下四个。

1. 相对长度（relative lenth）

相对长度指单个染色体的长度占包括 X 染色体在内的单倍染色体总长度的比率，以百分率（或千分率）表示，即

$$相对长度 = \frac{每条染色体长度}{单倍常染色体长度 + X 染色体长度} \times 100\%$$

2. 臂指数（arm index）

臂指数指长臂同短臂的比率，即

$$臂指数 = 长臂长度/短臂长度$$

3. 着丝粒指数（centromere index）

着丝粒指数指短臂占整修染色体长度的比率，可决定着丝粒的相对位置，即

$$着丝粒指数 = \frac{短臂长度}{染色体全长} \times 100\%$$

按照 Levan（1964）的标准划分，着丝粒指数在 50.0~37.5 之间的为中部着丝粒染色体（m）；指数在 37.5~25.0 之间称为亚中着丝粒染色体（sm）；指数在 25.0~12.5 之

间称为亚端着丝粒染色体(st)；指数小于 12.5 者为端着丝粒染色体(t)。

4. 染色体臂数(*NF*)

根据着丝粒的位置来确定(表 2-1)，着丝粒位于染色体端部，其臂数可计为 1 个；若着丝粒位于染色体端中部或亚中部，其染色体臂数计为 2 个。

表 2-1　据臂比和着丝粒指数命名染色体类型

染色体类型	符号	臂指数	着丝粒指数
正中着丝点	M	1.0	50.0 以上
中着丝点	m	1.0 ~ 1.7	50.0 ~ 37.5
近中着丝点	sm	1.7 ~ 3.0	37.5 ~ 25.0
近端着丝点	st	3.0 ~ 7.0	25.0 ~ 12.5
端着丝点	t	7.0 以上	12.5 ~ 0

【实验用具】

剪子、尺、圆规、平口镊子、瓷盘、台纸、胶水、染色体标本的放大照片等。

【实验方法】

染色体组型分析(karyotype analysis)有两类方法：一类是根据有丝分裂时染色体的形态进行分析；另一类是根据减数分裂时染色体的形态和行为进行分析。

1. 有丝分裂染色体组型分析

有丝分裂中期染色体表现出典型的形态，是识别染色体个体性和研究整个细胞染色体组型的适宜时期。鉴别每一条染色体是染色体组型分析的基础，所依据的形态指标有如下几个方面：(1)染色体相对长度；(2)着丝点指数；(3)臂指数；(4)次缢痕的有无及位置；(5)随体的有无、形态及大小；(6)染色体臂数。

根据上述指标辩认同源染色体并配对，再根据相对长度将各对染色体从大到小排列编号，短臂在上，长臂在下(端着丝点染色体的着丝粒朝上)，以着丝粒在一条直线上依次排列。性染色体另列。

分析异源多倍体时，如果对系统发生来源清楚，则可根据那些亲本的染色体组型，分别排列组型。例如普通小麦(triticum aestivuml)是异源六倍体(6X = 42)，是由三个物种在系统发生过程中合成的，其染色体组型已知为 AABBDD。分析这样异源多倍体的染色体组型时，现在是按照 A 组、B 组和 D 组分别排列，而不是全部 21 对染色体统一顺序排列。

无论是分析二倍体植物或分析异源多倍体植物的染色体组型，使用相应的单倍体，即一倍体(monoploid)和异源单倍体(allohaploid)材料，进行观察和研究是方便的，因为省去了识别同源染色体的过程。

2. 减数分裂染色体组型分析

在减数分裂过程中，染色体的形态和行为发生一系列特有的变化。利用这些形态变化和行为特点，可以进行染色体组型分析。

减数分裂前期 I 的粗线期是识别染色体形态的适宜时期。这时同源染色体已经紧密联会，染色体数由 $2n$ 条的单价体变成 n 条的二价体，数目减少一半。在粗线期的较晚时期，联会的二价体缩短变粗，如果分散得好，可以识别其个体性。同时有些粗线期的二价体染色体常在一定部位分布有染色粒和染色质结节(又叫染纽)，这些特征以及相对长度、着丝粒的位置等都是染色体个体差异的标志。

【思考题】

每人做一组染色体的组型分析图表(包括染色体调查数据表、同源染色体配对表、相对长度图形)。

实验6 玉米籽粒突变性状的识别及遗传规律的验证

【实验目的】

1. 通过对玉米籽粒糊粉层的色泽及胚乳的性质等材料的观察，认识玉米籽粒相对性状的差别。

2. 通过对玉米籽粒不同相对性状的杂交试验结果观察与计数，了解并验证有关的遗传规律及基因的互作方式。

3. 通过两对连锁遗传的相对性状的杂交实验，验证基因的连锁与交换法则，并掌握测定基因交换率的基本方法。

【实验原理】

(一) 玉米籽粒的构造和花粉直感现象

玉米籽粒包括胚、胚乳和果皮三部分(图 2-3)，其中胚及胚乳是双受精发育的结果。胚的染色体数为 $2n$，胚乳的染色体数为 $3n$。胚乳分为淀粉层和糊粉层，当父本花粉含有显性基因时，它所决定的性状就能在当代母本的籽粒上表现出来，即"花粉直感"现象。果皮是由子房壁及珠被发育而成，属于母本的体细胞组织，它的性状发育是由母本的基因型所决定的，与当代的授粉作用无关。

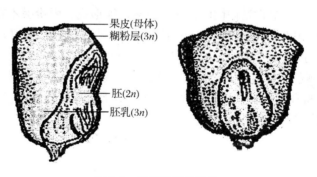

果皮(母体)
糊粉层($3n$)

胚($2n$)
胚乳($3n$)

图 2-3 玉米种子的结构

(引自颜启传，2001)

(二) 玉米籽粒上的部分变异性状及其遗传基础

(1) 果皮颜色 果皮颜色有红色、花斑(红色背景上出现白色条纹)、棕色及白色等多种变化。果皮颜色的表现一般由位于 1 号染色体上的 P 基因与位于 9 号染色体上的 Bp 基因互作控制：P_ Bp_ (红色)；P_ bpbp(棕色)；Pv_ Bp_ (花斑，Pv 为 P 位点上的另一个等位基因）；ppBp_（无色）；ppbpbp（无色）。

（2）胚乳的性质　位于4号染色体上有甜（su）基因与非甜（Su）基因；位于9号染色体上有糯（wx）基因与非糯（Wx）基因；位于9号染色体上有凹陷（sh）基因与饱满（Sh）基因等性状，均表现"花粉直感"现象。

（3）淀粉层的颜色　位于6号染色体上有黄色（Y）基因和白色（y）基因。

（4）糊粉层（即蛋白质层）的颜色　糊粉层是果皮下面胚乳部分最外一层细胞，内含糊粉粒，其颜色有许多变异，最常见的有无色、紫色和红色三种。由于糊粉层颜色是由多对基因决定，所以"花粉直感"亦表现基因的相互作用。

（三）基因的遗传规律

1. 分离规律

如果一对相对性状受一对等位基因控制，并具有显隐性关系，那么杂交产生的 F_1 个体，其自交后代分离比例为3:1；测交后代分离比例为1:1。

2. 独立分配

位于非同源染色体上不同对基因的杂合体形成配子时，各对基因是独立分配的。所以具有两对基因差别的杂交种应产生四种数目相等的配子。F_1 代自交后代分离比例为9:3:3:1；测交后代分离比例为1:1:1:1。

3. 基因互作

如果基因间发生互作，则随着不同的互作方式产生不同方式分离比例。

（1）互补作用

玉米籽粒糊粉层颜色的产生，已知是由7对色素基因控制，即位于3号染色体上的A1，5号染色体上的Pr、A2，10号染色体上的A3、R，9号染色体上的C。只有A1、A2、A3、R、C这5个显性基因同时存在，色素才能形成，糊粉层才能表现为有色。而形成色素的类型则由5号染色体的Pr pr这对等位基因决定。显性基因Pr存在时呈紫色，隐性基因pr存在时则呈红色。在A1、A2、A3、R、C中缺少任何一种显性基因，糊粉层都不表现颜色。当用分别缺少其中任何一个基因（即为无色糊粉层）的亲本相互杂交时，由于A和C的互补作用，F_1 表现为有色。F_1 自交产生的 F_2 代则呈9（有色）:7（无色）的分离比例，即

　　F_1:　　　　　　　　　　　A1a1Cc（有色）
　　　　　　　　　　　　　　　　　↓

　　F_2: 9A1_ C_ （有色）:3 A1_ cc（无色）:3a1a1C_ （无色）:1a1a1cc（无色）

（2）隐性上位作用

①糊粉层颜色　隐性基因c、a1、a2、a3及r对Pr基因均具有上位性作用。例如CCprpr（红色糊粉层）与ccPrPr（无色糊粉层）杂交，F_1 表现为紫色；F_2 呈现9（紫色）:3（红色）:4（无色）的分离比例，即

F₁: CcPrpr(紫色)

                                                  ↓

F₂：9 C_ Pr(紫色):3C_ prpr(红色):3ccPr _（无色）:1ccprpr(无色)

②胚乳性质 甜质胚乳基因 su 对糯质胚乳基因 wx 为上位性。以纯甜(susuWxWx)与纯糯(SuSuwxwx)杂交，F1 为正常型(SusuWXxwx)，F2 呈 9（正常）:3（糯）:4（甜）的分离比例。

（3）抑制作用

I 为显性抑制基因，它可抑制色素基因 A 表现颜色。当 AAII(无色)与 aaii(无色)杂交时，F₁(AaIi)为无色，F₂呈 13（无色）:3（有色）的分离比例，即

F₁: AaIi(无色)

                                                  ↓

F₂：3A_ ii(有色):9A_ I_ （无色）:3aaI_ （无色）:1aaii(无色)

（4）基因连锁与交换

植物在形成配子进行减数分裂时，位于同源染色体上的基因，往往有保持原来组合状态随同所在染色体一道遗传的趋势，也可能随着姐妹染色体片段的交换而交换，从而产生各种可能组合的配子，但总是亲本型配子较多，重组型配子较少，这种现象即连锁遗传。将具有两对相对性状差异的亲本杂交，如果这两对性状受两对基因的控制，每对具有显隐性关系，共同存在于一对同源染色体上，根据连锁遗传的原理，杂种 F₁ 可能产生四种不同的配子，数量不相等，亲本型的多，重组型的少。F₁ 自交所得 F₂分离出的四种表现型不成 9:3:3:1 的比例，亲本型个体数多于按独立分配的理论预期数，重组型个体数少于按独立分配的理论预期数；将 F₁ 与双隐性材料测交，后代的分离也不成1:1:1:1 的比例，而是亲本型个体数多，重组型个体数较少。形成配子时有关基因交换了多少，可用重组型配子数占总配子数的百分比表示，在遗传学上称之为交换率。交换率的大小可以作为衡量基因间距离的尺度，将 1% 的交换率作为一个遗传距离单位。根据交换率可以确定不同基因在染色体上的相对位置。

① 在测交条件下，

$$交换率 = \frac{重组型配子数}{总配子数} = \frac{测交后代重组型个数}{测交后代总个体数} \times 100\%$$

② 在自交条件下，对于自花授粉的植物或无双隐性亲本时，测定交换率可采用自交法进行。

假如 F₁ 自交后，F₂ 得到四种表现型，由此可以断定 F₁ 能形成四种配子，其比例假设为 $a:b:c:d$。F₂应是雌、雄配子的乘积，即为$(a:b:c:d)^2$。其中表型为纯合双隐性的个体为 d^2，双隐性配子其频率是 d^2 的开方，即$\sqrt{d^2} = d$。由于 $a = d$，所以交换率是$(1 \sim 2d)$。

【实验材料】

玉米各种性状籽粒杂种 F_1 的自交或测交果穗。

【实验方法】

1. 分离规律和自由组合规律

识别玉米各种籽粒相对性状。观察一对基因杂种 F_1 的自交或测交果穗，将统计数字填入表2-2，并进行 x^2 值计算。

表2-2 籽粒相对性状 x^2 值计算表

表现型	观察次数(o)	理论次数(e)	偏差($d = o - e$)	d_2/e
总和				
自由度 $= n - 1$	$x^2 = \Sigma(d^2/e)$	查表 $x^2_{0.05} =$		

2. 基因互作

观察两对相对性状 F_2 代果穗的籽粒表现形式，验证各种基因互作方式的分离比例。从中选出一种互作方式，统计各种表现型的数据，并将数据填入表2-2，计算 x^2 值。

3. 连锁与交换

玉米糊粉层的紫色与褐色是一对相对性状，籽粒的饱满与凹陷也是一对相对性状，控制这两对性状的两对非等位基因都位于9号染色体上，两基因连锁。

紫色、饱满×褐色、凹陷

↓

紫色、饱满

↓ 测交或自交

紫色、饱满：褐色、凹陷：紫色、凹陷：褐色、饱满

亲本型　　　　　　重组型

仔细观察鉴定果穗上不同类型的籽粒，准确记数，并将数据填入表2-3。

表2-3 玉米果穗上不同籽粒性状调查表

项　目	表现型	籽粒数	占总数%	合计
重组型				
亲本型				

【思考题】

1. 根据对各类果穗计算出的 x^2 值，做出 x^2 测验，并给出简单的遗传学解释。

2. 根据测交或自交后代果穗的观察值，选用不同的方法，计算两对连锁基因之间的交换值。

实验7 普通果蝇雌雄性别鉴定及变异类型的观察

【实验目的】

1. 了解果蝇生活史中各阶段的形态特征。
2. 区别雌、雄果蝇原种的主要性状，学会鉴别果蝇成虫的性别。
3. 识别果蝇的各种突变类型。
4. 掌握果蝇的饲养管理，实验处理方法和技术，为果蝇杂交实验奠定基础。

【实验原理】

普通果蝇（Drosophila melanogaster，$2n = 8$）属昆虫纲双翅目昆虫。具有生活史短、繁殖率高、饲养方便、染色体数少、已定位的基因数多、突变性状多达400个以上等优点，是遗传学研究的良好材料。尤其在基因分离、连锁交换、染色体畸变以及基因的表达与调节等方面，人们利用果蝇做了广泛而深入的研究。

果蝇成虫的形态特征：野生型果蝇为红眼、灰体、长翅、直刚毛。突变型果蝇与正常野生型有明显差别。常用于杂交实验的突变性状有白眼，乌身（又叫黑檀体，其新生蝇体色略浅），黑体（体色比黑檀体深），黄体（体色黄，细毛与鬓为棕色并有黄色尖端，翅毛及脉为黄色），残翅（翅显著退化，部分残存，不能飞），短翅（翅比野生型短小，只比腹部略长），卷刚毛（刚毛卷曲如烧焦状），棒眼（眼睛细长，如棒状），黑檀体、残翅（两个性状集中在一个个体上，基因连锁遗传），白眼、短翅、卷刚毛（三个性状集中在一个个体上，三个隐性基因连锁遗传）等。

【实验用品和准备】

1. 实验用品

（1）用具 解剖镜、放大镜、麻醉瓶、白瓷板、解剖针、毛笔及常用工具。

（2）药品 乙醚、丙酸。

（3）饲料 干酵母（或酵母菌液）、蔗糖、玉米粉、琼脂等。

2. 实验准备

（1）果蝇饲养

① 培养基的配制 果蝇以酵母菌为主要饲料，常采用发酵的培养基繁殖酵母菌以饲养。培养基常用玉米粉、米粉或香蕉配制。

玉米粉（米粉）饲料的配制：取50mL水，加入玉米粉15g（或米粉8g + 麸皮8g），拌匀加热，调成糊状；取50mL水，加入琼脂1g，煮溶；琼脂液中加入蔗糖10g；将玉米糊（或米粉糊）倒入琼脂糖浆中，混合拌匀，煮沸；稍冷后加入酵母粉1.5g和丙酸

1mL，分装入瓶，饲料厚 2cm 左右。

香蕉饲料的配制：将熟香蕉捣碎成浆，取 100g 倒入煮沸的琼脂浆（100mL 水 + 3g 琼脂）中，拌匀，煮沸，稍冷后加入酵母粉 2.5g 及丙酸 1mL，充分调匀分装入瓶。若无干酵母粉，可于饲料分装后，取酵母菌液，滴几滴于饲料表面。分装前需将饲养瓶、棉塞、吸水纸及其他用具、器皿进行高压灭菌（103.425kPa 或 1.05kg/cm² 下，15min）。如瓶口较小，可用漏斗将饲料倒入，尽量勿黏附瓶壁。饲料入瓶冷却后，用酒精棉球或吸水纸将瓶壁水汽擦净，塞上棉塞。

② 原种培养　果蝇各品种应分别繁育。原种培养应先检查亲本纯度。再将轻度麻醉的果蝇用毛刷刷入倾斜的新培养瓶壁上，待其苏醒后再将培养瓶直立，以免果蝇黏附在培养基上，不能动弹而死亡。原种置于 20～25℃ 恒温箱中培养。由于培养基中酵母发酵放热，温度稍有上升，故温箱的温度可稍低于 25℃。每 2～3 周换一次培养基，同时检查原种是否杂染。培养瓶上要有标签，标明性状及移入时间。

(2)杂交

杂交用的原种，应在杂交前 10～15 天分别饲养繁殖，化蛹后除去成虫，一个不留。12h 内羽化的雌蝇皆为处女蝇，供作杂交亲本用。

(3)麻醉处理

观察果蝇或移入培养瓶杂交时，应先将果蝇麻醉，使其保持安静状态。麻醉瓶应和培养瓶口径相同，并配以脱脂棉基，滴乙醚数滴于麻醉瓶的棉塞内，将培养瓶口朝下，果蝇即向上爬行，去掉棉塞，与麻醉瓶口对接，一手拿上述两瓶，另一手震拍培养瓶，使果蝇落入麻醉瓶中，迅速将两瓶塞住，避免果蝇飞出。约半分钟后，果蝇即被麻醉。注意不能麻醉过度，如蝇翅与身体呈 45° 角翘起，表明麻醉过度，将不能复苏而死亡。麻醉后的果蝇放在白玻璃板上，用毛笔刷移动检查，根据需要用肉眼、放大镜或解剖镜观察。不再需要的果蝇务必将其倒入死蝇盛留器中，及时处死，防止品系间杂交混杂。

【实验方法】

1. 生活史的观察

果蝇生活史包括卵、幼虫、蛹、成虫等四个连续的发育阶段（图 2-4）。卵白色，长椭圆形，长约 0.5mm。卵的背面前端有两条触丝。幼虫从卵孵出后经两次蜕皮的三龄幼虫长可达 4.5mm。三龄幼虫化蛹，蛹经羽化发育为成虫。全部生活史所需的时间，因饲养温度和营养条件而异。营养条件适宜，其生活周期的长短与温度的关系如表 2-4 所示。

表 2-4　果蝇生活周期与温度的关系

阶　段 ＼ 温　度	10℃	15℃	20℃	25℃
卵→幼虫	—	—	8 天	5 天
幼虫→成虫	57 天	13 天	6.3 天	4.2 天

营养条件合适，20℃下饲养，果蝇全部生活史只需半个月左右；25℃下约需 10 天。过高和过低的温度都会使其生活力降低、不育或死亡。一对亲蝇能产生几百个后代。

2. 成虫的形态特征

果蝇分头、胸、翅三部分。头部有一对大复眼、三个单眼和一对触角；胸部有三对足、一对翅，在最后一对足翅之间有一对平衡棒。雄性果蝇前足的符节上有性梳，腹部背面有黑色条纹，腹面有腹片，外生殖器在腹部末端。野生型果蝇为红眼、灰体、长翅、直刚毛。

3. 成虫雌雄性别鉴定

雌、雄果蝇幼虫期较难区别，成虫区别明显，用体视显微镜或放大镜鉴别均可。性梳是鉴别雌、雄果蝇的最可靠指标（见表 2-5）。

表 2-5　雌、雄果蝇形态特征差别

形态特征 / 性别	雌	雄
体型	较大	较小
腹部末端	圆钝	端尖
背部条纹	5 条	3 条(后一条宽至腹面呈明显黑斑)
腹片	6 个	4 个
性梳	无	前腿跗节上具性梳
外生殖器	外观简单，低倍镜下明显看到阴道板及肛上板	外观复杂，低倍镜下明显看到生殖弧，肛上板及阴茎(刚孵出的幼蝇更清楚)

4. 突变类型的观察

将实验观察的野生型、黑檀体、残翅、白眼、黄体、棒眼等几种类型的观察结果列于表 2-6 中。

表 2-6　果蝇突变类型观察

特征 / 类型	野生型	黑檀体	残翅	白眼	黄体	棒眼	紫眼
体色							
眼色							
眼型							
翅型							

【思考题】

1. 绘制果蝇雌、雄成虫图，描述果蝇雌、雄个体的特征和差异。

2. 观察野生型果蝇外形及其与黑檀体、残翅、白眼、黄体、棒眼、紫眼等几种类型的区别。

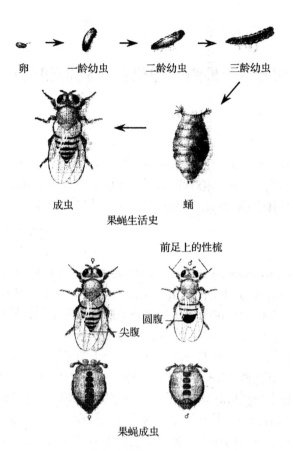

图 2-4　**果蝇生活史**（引自刘庆昌，2007）

实验8 果蝇唾腺染色体制备和观察

【实验目的】
1. 掌握剥离果蝇唾腺，制作巨型染色体压片的方法。
2. 观察果蝇唾腺染色体的形态特征，了解细胞染色体联会现象。
3. 根据唾腺染色体上横纹的形态和排列，识别不同染色体。

【实验原理】
　　唾腺染色体(salivary chromosome)，又叫巨染色体，是 1881 年意大利细胞学家 Balbiani 最先发现的。它存在于双翅目昆虫幼虫的唾腺内。由于它具有许多重要特点而成为细胞遗传学、发生遗传学、进化遗传学和分子遗传学研究的好材料。

　　双翅目昆虫的幼虫发育到一定时期后，唾腺细胞数不再增加，仅增长细胞大小，而核内染色体却连续复制，着丝点不分离，形成有上千条螺旋状的染色线构成的多线染色体。它比体细胞中期染色体长 100～200 倍，体积大 1 000～2 000 倍。这是多拷贝染色体螺旋式程度低、异常松弛所造成的。唾腺染色体的同源染色体常处于紧密配对状态，称"体细胞联会"。因而镜下计数比一般体细胞染色体少一半。不同区段染色深浅不同，形成了明暗相间、宽窄不一的横带。各对染色体中横带的数量、分布、形态、大小及深浅各不相同，具特异性。唾腺染色体上还有疏松区(puff)和裴氏环(Balbiani ring)，是由于螺旋线解螺旋后疏松膨大而形成的。疏松区是合成 RNA 的地方，与基因的表达有关。

　　果蝇染色体 $2n=8$，其唾腺染色体特点表现在：各染色体着丝点附近异染色质区相互结合形成染色很深的染色中心，第Ⅱ、第Ⅲ对染色体呈 V 形，各有两臂，X 染色体呈棒状，第Ⅳ染色体呈粒状，观察时可看到五条臂由染色中心向外蜿蜒伸展(图 2-5)。

【实验用品】
1. 仪器
解剖镜、显微镜、温箱及其他常用工具。
2. 试剂
0.7% 氯化钠水溶液，1mol/L HCl、醋酸洋红染色液(或卡宝品红染色液)及配制培养基所需用品。
3. 材料
果蝇三龄幼虫。

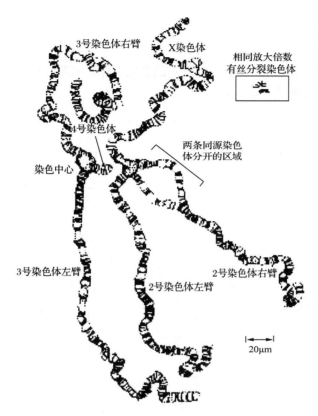

图 2-5　果蝇唾腺细胞的多线染色体
（引自翟中和，1995）

【实验方法】

1. 培养果蝇幼虫

将果蝇放在营养丰富的培养基中，在 16 ~ 18℃ 下饲养，幼虫生长肥大，才能获得较大的唾腺。

2. 取唾腺

挑选生长肥大的三龄幼虫置玻片上，滴 1 ~ 2 滴 0.7% 氯化钠水溶液，在解剖镜下找出具有口器的头部，一手用解剖针刺入口器后方，将虫固定，一手用镊子夹紧幼虫下半部，然后用解剖针把头部从虫体的前端向前拉开，唾腺随头部拉出。唾腺呈囊状，半透明，各个细胞间分隔明显，排列较整齐。用镊子移去虫体其余部分，仔细挑去黏附在唾腺上的脂肪体，小心清洗，用吸水纸吸去残渣及多余水液。

3. 染色制片

滴一滴 1mol/L HCl 于腺体上，浸泡 2 ~ 3min。徐徐倾去液体，小心地用水洗净，边滴水边吸干，水吸干后，再滴一滴醋酸洋红或卡宝品红染色数分钟，加盖玻片，压片。

4. 镜检

观察唾腺染色体染色中心、染色体臂、横纹。

【思考题】

1. 绘制果蝇唾腺染色体略图,并仔细描绘各染色体臂末端的 5~10 条横纹。
2. 制作唾腺染色体固定片一张。

实验 9　植物多倍体的诱发与鉴定

【实验目的】

掌握植物多倍体人工诱变技术及多倍体鉴定方法。

【实验原理】

多倍体是以染色体组或组内染色体批数(x)为基础增减的整倍体变异,如一倍体(x)、二倍体($2x$)、三倍体($3x$)、四倍体($4x$)等等。细胞中含有 3 个以上染色体组的生物体称为多倍体。染色体组倍数增加,可改变植株经济性状。因此,多倍体育种是植物改良的重要途径之一。多倍体可以自然发生,也可人工诱发,人工诱发最有效的方法是用秋水仙素处理。秋水仙素的分子式为 $C_{22}H_{25}O_5N \cdot \frac{3}{2}H_2O$。它的作用是破坏纺锤丝形成,染色体纵裂后,不能向二极分开,不能形成新壁,但对染色体的结构和复制无显著影响,若浓度合适,不发生毒害作用,经过一定时期细胞可恢复常态继续分裂,只是染色体数加倍成为多倍性细胞,并发育为多倍体植物。秋水仙素处理的有效含量为 0.01% ~ 0.4%,常用的有效含量为 0.2%,可以用浸泡、涂刷、点滴等方式处理分裂旺盛的分生组织。不同材料的最适浓度和时间需先试验。处理后染色体数是否加倍需鉴定。

鉴定的方法有以下几种。

(1)直接法　鉴定根尖细胞或花粉母细胞染色体数。

(2)间接法　鉴定叶片气孔保卫细胞、花、花粉粒、果实、种子的形态。人工诱发的多倍体植物其气孔、花器、花粉粒、种子、果实等明显加大,气孔数目减少且密度变稀。气孔保卫细胞叶绿体数增加。

(3)检查育性　同源多倍体减数分裂染色体行为不正常,染色体数分配不平衡,导致育性降低。

【实验用品】

1. 材料

(1)蚕豆($2n = 12$)、黑麦($2n = 14$)、洋葱($2n = 16$)的根尖经染色体加倍处理的材料。

(2)大麦($2n = 14$)、西瓜($2n = 22$)等植物的二倍体与多倍体的种子、叶片、花蕾、花粉粒、幼穗和根尖。

2. 仪器

体视镜、显微镜、温箱、天平、镜台(接物)测微尺、目镜测微尺、其他常用工具。

3. 试剂

卡诺液、0.1%秋水仙素水溶液、1mol/L 盐酸、染色液、脱水透明封片胶、0.1%~0.2%升汞、1% I₂-KI 溶液、卡宝品红染色液。

【实验方法】

1. 材料处理

将 0.2%~0.4%秋水仙素溶液装在培养皿中，取一洋葱鳞茎使其生根部位恰与液面接触，在25℃下培养，生出幼根，经加倍幼根尖都较肥大，切取肥大部分，用卡诺液固定，压片观察，以清水处理作对照。

2. 植物种子发芽及加倍

先将种子用0.1%~0.2%升汞消毒8~10min，清水洗净，稀置于培养皿或沙盘中发芽。当根长1cm左右时；取出洗净吸干，用0.1%秋水仙素浸没根部(勿干！添加清水保持原液浓度)，加盖，25℃下生长24~36h，根尖明显膨大时用卡诺液固定，25℃室温下，任何时间固定均可。可用卡宝品红染色液染色，以快速检查；也可用苏木精染色制成永久片。

3. 幼苗或成株的处理

发芽缓慢的种子或根部是易受药害的，因此双子叶植物，以处理幼苗为宜。由于秋水仙素只对分裂细胞发生作用，可处理茎尖、侧芽、分蘖或顶端生长点。处理方法视植株大小而定，较小的幼苗，可将盆钵倒架、使茎端浸入秋水仙素水溶液中，注意不使根部失水干燥。较大植株可用蘸有药液的棉球，置顶芽(或侧芽)生长点处；经常滴加清水保持药剂浓度。处理时间为24~48h，处理后用清水洗净，让其生长后观察鉴定。

4. 观察鉴定

(1)染色体数目的检查　将处理和未处理的材料分别固定根尖、花蕾、幼穗，采用压片法或涂抹法，制成片后，在显微镜下观察细胞中期分裂相，进行染色体计数。

(2)保卫细胞的测定　仔细撕取二倍体和四倍体植株的叶片下表皮，置于载玻片上，并加1~2滴1%碘-碘化钾溶液，盖上盖玻片，在高倍镜下用测微尺测量气孔保卫细胞的大小。共测量10个保卫细胞，求其大小的平均数。

(3)花粉粒的鉴定　采摘待开放的花蕾或颖花，取其花药，把花粉涂抹于载玻片上，加1滴1%碘-碘化钾溶液，盖上盖玻片。测量10~30个花粉粒直径的数值，求其平均值。

(4)形态特征　观察比较不同染色体倍数植物的花蕾、果实大小及育性。

【作业】

1. 诱发蚕豆根尖细胞产生多倍体，鉴定其染色体数目的变化。
2. 观察不同染色体倍数植物的花粉和气孔细胞大小。
3. 观察不同染色体倍数植物花蕾、果实大小及育性。

实验 10　数量性状基因数目和遗传率的估计

【实验目的】

1. 掌握估算数量性状基因数目的原理和方法。
2. 掌握不同遗传率的估算方法的原理、特点、应用范围及实践意义。

【实验原理】

(一) 估算数量性状基因数目的原理

根据多基因学说，当两个纯合亲本仅一对基因不同，其 F_1 代呈中间型，F_2 代出现 1:2:1 的基因型分离。若双亲有两对基因差异，F_2 代基因型比例为 1:4:6:4:1。同理，当有 k 对基因不同时，F_2 代有 $(2k+1)$ 类基因型。基因型频率作二项式分布

$$\left(\frac{1}{2} + \frac{1}{2}\right)^{2k}$$

假定基因的作用以 1 为单位，则期望基因型方差为

$$\sigma_s^2 = npq = 2k\,\frac{1}{2} \times \frac{1}{2} = \frac{k}{2}$$

如果双亲均是极端类型，一个亲本具有全部正 (+) 向基因，另一亲本具有全部负 (-) 向基因，各基因效应大小相同，可以累加，等位基因间无显隐性关系，非等位基因间无上位性，无连锁，则双亲之差为

$$\bar{P}_1 - \bar{P}_2 = 2k,\ 亦即(\bar{P}_1 - \bar{P}_2)^2 = (2k)^2$$

于是有

$$\frac{\sigma_1^2}{(\bar{P}_1 - \bar{P}_2)^2} = \frac{\dfrac{k}{2}}{(2k)^2}$$

解出

$$k = \frac{(\bar{P}_1 - \bar{P}_2)^2}{8\sigma_1^2} = \frac{(\bar{P}_1 - \bar{P}_2)^2}{8(\sigma_{F_2}^2 - \sigma_0^2)}$$

于是有 σ_s^2 为期望基因型方差，$\sigma_{F_2}^2$ 为 F_2 表型方差，σ_0^2 为环境方差，$\bar{P}_1$ 及 $\bar{P}_2$ 分别为双亲平均值。

利用 F_2 代估计，假定无显性效应，但实际上常有一定程度显性，F_2 代的遗传方差，可能包括显性方差而加大分母值，低估基因数目。显性作用大误差也就大。可用前述狭义遗传力估算方法，从遗传方差中消除显性效应方差，仅用加性效应方差 D 估计。该公式仍基于以上假定，即纯合双亲平均数之差为 $\bar{P}_1 - \bar{P}_2 = 2\sum d$，$k$ 对独立等效基因时，

$D = kd^2$，所以

$$k = \frac{4k^2 d^2}{4kd^2} = \frac{\left[2\sum(d)\right]^2}{4\sum d^2} = \frac{(\bar{P}_1 - \bar{P}_2)^2}{4D} = \frac{\left[\frac{1}{2}(\bar{P}_1 - \bar{P}_2)\right]^2}{D}$$

此法估得的基因数目一般偏低。这是因为 D 与 H 不易分开，遗传方差中包括了显性方差而夸大了分母值。如果 D 与 H 能分开，各基因效应也可能不完全相等；两亲可能分别具有正（+）向基因及负（-）向基因，而使两亲平均数的差数小于 $2\sum d$，即 $\bar{P}_1 - \bar{P}_2 < 2\sum d$，这些都会降低分子值。而且很多基因有连锁关系，以上公式是将同一连锁群的若干基因，当作一个遗传单位来分析，因而称之为最少基因数目估计。

（二）遗传率的估计

任何数量性状表现型的差异既受遗传因素的作用（基因效应），也受环境条件的影响（环境效应）。对于基因效应尚不能直接测算，只能利用统计学方法间接估算，即通过对性状表现型方差的分析而估算遗传变异的大小。

数量性状的表型方差包括遗传方差与环境方差，若基因型与环境之间的互作不存在，则 $V_p = V_g + V_e$ 其中遗传方差（V_g）还可剖分为加性效应方差（V_d）、显性效应方差（V_h）和上位性效应方差（V_I），即 $V_p = V_d + V_h + V_I + V_e$

遗传方差占表型方差的比率为广义遗传率。

$$h_B^2 = \frac{V_g}{V_p} \times 100\%$$

遗传方差对于确定和预见上下代之间的相似程度具有重要意义，因此广义广义遗传率可作为选择可靠性的一个指标。

遗传方差包含的 3 个组成部分中，只有加性效应才是真正能够遗传的可靠部分，是上、下代遗传相似性的主要保证。如将互作方差略去不计，消除显性方差，只根据加性方差占表型方差的百分比作为选择可靠性的指标，将会获得比广义遗传率更为准确的结果，即狭义遗传率

$$h_N^2 = \frac{V_d}{V_p} \times 100\%$$

估计遗传率的方法很多，在此只介绍 4 种。

（三）估算方法

1. 广义遗传率的估计

（1）环境方差的估算

基因型一致的群体因各个体的遗传组成相同，其遗传方差为零。这种群体的表现型方差纯由环境因素造成，可作为环境方差的估计值。环境方差的估计主要有以下 6 种：

① $V_e = 1/2(V_{p_1} + V_{p_2})$　适用于无 F_1 或 F_1 群体太小，或 V_{p_1} 与 V_{p_2} 相差不大时。

② $V_e = 1/3(V_{p_1} + V_{p_2} + V_{F_1})$　适用于有 F_1 资料，且 V_{p_1}、V_{p_2} 及 V_{F_1} 三者相差不大时。

③$V_e = 1/4V_{p_1} + 1/4V_{p_2} + 1/2V_{F_1}$　适用于 F_2 代群体，若亲本和 F_1 对环境反应不同，利用此法估计 V_e 较为合适，这在异花授粉作物中应用较多。

④$V_e = 3/8V_{p_1} + 3/8V_{p_2} + 1/4V_{F_1}$　适用于 F_3 代群体。

⑤$V_e = \sqrt{V_{p_1}V_{p_2}}$　多用于无 V_{F_1} 资料，或 V_{p_1} 和 V_{p_2} 相差较大的性状。

⑥$V_e = \sqrt[3]{V_{p_1}V_{p_2}V_{F_1}}$　多用于有 V_{F_1} 资料，但 V_{p_1} 和 V_{p_2} 及 V_{F_1} 相差较大的性状。

有了 V_e 值，就可从表型方差(V_p)中减去环境方差(V_e)，获得遗传方差(V_g)求出遗传率h_B^2。

（2）方差分析法

应用方差分析的期望均方，从群体总方差中估算出各方差的组成部分来估算广义遗传率。设有 n 个品种，重复 r 次，于是有 nr 个小区，有如表 2-7 所示方差分析。由表 2-7 可见，M_1 反映了品种间即基因型的差异，其中还包含环境的差异。只要分析 M_1 中各期望均方(EMS)的成分即可估算遗传率。

表 2-7　方差分析

方差来源	自由度(df)	平方和(SS)	均方(MS)	期望均方(EMS)
重复	$r-1$	SS_r	M_r	
品种	$n-1$	SS_v	M_1	$\sigma_v^2 + r\sigma_e^2$
误差	$(r-1)(n-1)$	SS_e	M_2	σ_e^2
总和	$nr-1$	SS_t		

$$V_g = \sigma_v^2 = \frac{(M_1 - M_2)}{r}, \quad V_e = \sigma_e^2, \quad V_p = V_g + V_e = \frac{1}{r}(M_1 + (r-1)M_2)$$

$$h_B^2 = \frac{V_g}{V_p} \times 100\% = \frac{M_1 - M_2}{M_1 + (r-1)M_2} \times 100\%$$

此法的主要优点是直接估算群体方差，不需要不分离世代的表型方差来估计环境方差。且可用于估算较复杂群体的遗传率参数，尤其适宜品种资源研究。由于包含有显性效应方差，在亲子代预测中没有狭义遗传率准确。

2. 狭义遗传率的估计

利用 3 个分离世代消除显性方差估计法，分离世代均有遗传方差。如果 F_2 代及两个回交子代对环境反应相同，则可利用 3 个世代杂种群体变异组分中的差异消除环境方差和遗传方差中的显性方差，分离出加性方差，估算出狭义遗传率：

因为 $V_{F_2} = 1/2D + 1/4H + V_e$，　$V_{B_1} + V_{B_2} = 1/2D + 1/2H + 2V_e$，　$V_p = V_{F_2}$

所以 $2V_{F_2} - (V_{B_1} + V_{B_2}) = 1/2D = V_d$　$h_N^2 = \dfrac{V_d}{V_p} \times 100\% = \dfrac{2V_{F_2} - (V_{B_1} + V_{B_2})}{V_{F_2}} \times 100\%$

【实验材料】

（1）玉米"中糯一号"×"银糯二号"杂交，糯玉米果穗长度统计数据为

世代	平均数($\bar{x}$)	方差(V)
P_1	19.4	1.46
P_2	21.5	1.39
F_1	20.3	1.05
F_2	18.7	2.65
B_1	19.2	1.32
B_2	19.9	1.41

（2）根据大豆品种的产比试验资料，大豆开花期方差分析如表 2-8 所示。

表 2-8   大豆开花期方差分析表

方差来源	自由度(df)	平方和(SS)	均方(MS)
重复	$r-1=3$	$SS_r=1.16$	$M_r=0.39$
品种	$n-1=7$	$SS_v=17.33$	$M_1=2.48$
误差	$(r-1)(n-1)=21$	$SS_e=5.91$	$M=0.28$
总和	$nr-1=31$	SS_t	

【思考题】

1. 根据材料（1）估算控制糯玉米果穗长度性状的狭义遗传率和控制糯玉米果穗长度的基因对数，作出遗传分析。

2. 根据材料（2）估算大豆开花期（表 2-8）广义遗传率并作出遗传分析。

实验 11　群体遗传平衡分析

【实验目的】

1. 掌握群体、基因频率、基因型频率、群体遗传平衡的概念。
2. 掌握群体调查方法，计算基因频率、基因型频率。
3. 学习测定群体是否达到遗传平衡的方法。

【实验原理】

遗传学中所研究的群体(population)并不是个体的机械集合，而是指由能够彼此随机交配的许多个体繁育而成的集群。对这样的群体可应用孟德尔定律分析基因的遗传规律，因此，遗传学中通常称这种群体为孟德尔群体。群体内不同个体的基因虽有不同的组合，而群体的所有基因则是一定的，并且能够自由交换，因而孟德尔群体所包含的基因的总数称为基因库(gene pool)。一个物种就是一个最大的孟德尔群体，物种内的个体享有共同的基因库。

群体在繁殖过程中并不能把基因型传给子代，传给子代的是不同频率的基因，对群体内基因的传递情况和基因频率的改变进行讨论是十分重要的。

1. 基因频率和基因型频率

要了解群体的遗传特征及其变异规律，必须首先弄清群体内基因的种类及其比率，基因型的种类及其比率，这就是所谓的群体遗传结构，而基因频率(gene frequency)和基因型频率(genetype frequency)正是群体遗传结构的重要内容和标志。

(1)基因型频率　特定基因型占群体内全部基因型的比率，称为基因型频率，也可以说是特定基因型在群体内出现的概率。例如，假定二倍体生物的一个常染色体的基因座位 A，具有两个等位基因 A_1 和 A_2，根据孟德尔定律，群体中 A 座位上的这两个等位基因 A_1 和 A_2 可组成三种基因型，即 A_1A_1、A_1A_2 和 A_2A_2，假如群体内 A_1A_1 和 A_2A_2 个体的比例分别为 1/5 和 1/4，则它们相应的基因型频率分别是 0.20 和 0.25。同一座位所有基因型频率之和应该等于 1，因此该群体中 A_1A_2 基因型频率为 0.55。

(2)基因频率　所谓基因频率指的是特定基因座位上某个等位基因占该座位全部等位基因总数的比率，也就是该等位基因在群体内出现的概率。同一座位上全部等位基因频率之和等于 1。若 A 座位上存在两个等位基因 A_1 和 A_2，其中如果 A_1 基因的数目占全部等位基因总数的 1/3，则 A_1 基因的频率是 0.33，显然，A_2 基因的频率是 0.67。

在人类群体中，常染色体上有一对等位基因 T 与 t，决定对苯硫脲(PTC)的尝味能力。T 与 t 构成的 3 种基因型与其决定的表现型有对应关系，即 TT 表现为尝味者，Tt 为味觉杂合体，tt 为味盲。因此，可以根据表现型判断基因型，并进而计算出基因频率。

2. 基因型频率和基因频率的关系

群体内特定基因座位的基因频率，可通过有关基因型的实测数目或基因型频率来加以估算。

假定某基因座位 A 上有两个等位基因 A_1 和 A_2，它们在群体中组成 3 种基因型 A_1A_1、A_1A_2 和 A_2A_2，则其基因型频率和基因频率的关系式可以通过表 2-9 表示出。

表 2-9   基因型频率和基因频率

	基因型			总和	基因		总和
	A_1A_1	A_1A_2	A_2A_2		A_1	A_2	
个体数	n_1	n_2	n_3	N	$2n_1+n_2$	$2n_3+n_2$	$2N$
频率	n_1/N	n_2/N	n_3/N	1	$(2n_1+n_2)/2N$	$(2n_3+n_2)/2N$	1
符号	D	H	R		p	q	

注：$N = n_1 + n_2 + n_3$

若 A_1A_1、A_1A_2 和 A_2A_2 三种基因型的频率分别用 D、H、R 表示，那么，所有基因型频率之和为

$$D + H + R = n_1/N + n_2/N + n_3/N = 1$$

A_1 和 A_2 各自的基因频率为

$$p = (2n_1 + n_2)/2N = 2n_1/2N + n_2/2N = D + (1/2)H$$
$$q = (2n_3 + n_2)/2N = 2n_3/2N + n_2/2N = R + (1/2)H$$

从而得到基因型频率和基因频率的关系式为

$$p = D + (1/2)H \text{ 和 } q = R + (1/2)H$$

在一个自然群体里，知道了基因型频率就可求得基因频率，但是反过来，知道基因频率却并不一定能确定它的基因型频率，只有在一定的条件下，可以用基因频率确定基因型频率，这个条件就是基因型频率和基因频率之间的关系须符合 Hardy-Weinberg 的遗传平衡定律。

3. 遗传平衡定律

遗传平衡定律(Hardy-Weinberg equilibrium)是英国数学家 Godfrey Hardy 和德国医生 Welhelm Weinberg 于 1908 年各自独立提出的关于群体内基因频率和基因型频率变化的规律，所以又称为 Hardy-Weinberg 定律，它是群体遗传学中的一条基本定律。

定律的要点如下。

(1)在随机交配的大群体中，如果没有影响基因频率变化的因素存在，则群体的基因频率可代代保持不变。

(2)在任何一个大群体内，不论上一代的基因型频率如何，只要经过一代随机交配，由一对位于常染色体上的基因所构成的基因型频率就达到平衡，只要基因频率不发生变化，以后每代都经过随机交配，这种平衡状态始终保持不变。

(3)在平衡状态下，子代基因型频率可根据亲代基因频率按下列二项展开式计算。

$$[p(A) + q(a)]^2 = p^2(AA) + 2pq(Aa) + q^2(aa) 即 D = p^2 \quad H = 2pq \quad R = q^2$$

符合上述条件的群体称为平衡群体，它所处的状态就是 Hardy-Weinberg 平衡。上面所提到的随机交配和影响基因频率变化的因素条件，只是针对所研究的性状的有关基因型来说的，无关性状基因型的非随机交配等不会影响研究结果。

应该指出，所谓随机交配(random mating)是指在一个有性繁殖的生物群体中，任何一个雌性或雄性的个体与任何一个相反性别的个体交配的概率都相同，也就是说，任何一对雌雄的结合都是随机的，不受任何选配的影响。

4. 遗传平衡定律的推展

复等位基因的平衡，当一位座位上有两个等位基因时，如果群体处于平衡状态，基因型频率将是 p^2、$2pq$ 和 q^2，它等于等位基因的频率$(p+q)^2$。假如存在 3 个等位基因 A、B 和 C 的话，它们的频率分别为 p、q、r，在平衡时基因型频率也等于等位基因频率的平方，即

$$(p+q+r)^2 = p^2 + q^2 + r^2 + 2qp + 2pr + 2qr = p^2(AA) + q^2(BB) + r^2(CC) + 2pq(AB) + 2pr(AC) + 2qr(BC)$$

平衡状态下，由基因型频率求基因频率按以下公式计算。

$$p = p^2 + 1/2(2pq + 2pr)$$
$$q = q^2 + 1/2(2pq + 2qr)$$
$$r = r^2 + 1/2(2pr + 2qr)$$

现以人类 ABO 血型(表 2-10)为例来说明平衡群体中 3 个复等位基因频率的计算及平衡状态的检验。其中设 p 为基因 I^A 的频率、q 为基因 I^B 的频率、r 为基因 I^O 的频率，$p + q + r = 1$。

表 2-10　ABO 血型的基因型和表现型频率

血型	A	B	AB	O
基因型	$I^A I^A$、$I^A I^O$	$I^B I^B$、$I^B I^O$	$I^A I^B$	$I^O I^O$
表现型频率	$p^2 + 2pr$	$q^2 + 2qr$	$2pq$	r^2

基因 I^O 的频率 $r = \sqrt{r^2}$

A 型和 O 型的频率为 $P_{A+O} = I^A I^A + I^A I^O + I^O I^O = p^2 + 2pr + r^2 = (p+r)^2$

$(P_{A+O})^{1/2} = p + r; \quad p = (P_{A+O})^{1/2} - r; \quad q = 1 - p - r$

【实验材料】

(1)PTC(苯硫脲)苦味剂、$1/(600 \times 10^4)$ mol/L ~ $1/(7.5 \times 10^4)$ mol/L 浓度、15 个梯度浓度苦味剂溶液。

(2)现场调查的 PTC 味盲、卷平舌、眼睑、耳垂、血型等资料。

【实验方法】

(1)每位参加实验的同学现场品尝苦味剂溶液，浓度由低向高依次品尝，尝出 1 ~ 6

号苦味剂溶液有苦味者为敏感型，基因型为 TT，尝到 7~10 号苦味剂溶液有苦味者为中等型，基因型为 Ti，尝到 11~15 号苦味剂溶液有苦味者为不敏感型，基因型为 ii。

（2）每位参加实验的同学现场填写自己的性状调查表（表2-11）。

表 2-11　学生自我性状调查表

姓名	血型	苦味剂	耳垂	眼睑

注 1. 血型：A 型、B 型、AB 型、O 型。

苦味剂：敏感型为 TT、中等型为 Ti、不敏感型为 ii。

耳垂：有耳垂为 T、无耳垂为 tt。

眼睑：双眼睑为 Y、单眼睑为 yy。

（3）将全体参加实验同学的性状调查表收齐，统计汇总，列成表2-12。

表 2-12　学生自我性状调查汇总表

血型	A 型	B 型	AB 型	O 型
人数				
苦味剂	敏感型 TT	中等型 Ti	不敏感型 ii	
人数				
耳垂	有耳垂 T	无耳垂 tt		
人数				
眼睑	双眼睑 Y	单眼睑 yy		
人数				

【思考题】

1. 计算调查群体有、无耳垂和单、双眼睑的基因频率，假定该群体为群体遗传平衡群体，请计算基因型频率。

2. 计算调查群体中各种血型和苦味剂各种反应类型的基因型频率及基因频率，验证该群体是否是遗传平衡群体。

第 3 章　分子生物学

实验 1　大肠杆菌感受态细胞的制备

【实验目的】
1. 以氯化钙法为例，掌握大肠杆菌感受态细胞制备的原理与技术。
2. 熟悉 LB 培养基的配制过程。
3. 制备 E. coli DH5α 的感受态细胞。

【实验原理】
　　质粒 DNA 或以其为载体的重组 DNA 需要被导入受体细胞或宿主细胞内才能进行扩增和表达。受体细胞分为原核细胞(如大肠杆菌)和真核细胞(如酵母、哺乳动物细胞及昆虫细胞)两大类。原核细胞既可作为基因复制扩增的场所，也可作为基因表达的场所；真核细胞多被用作基因表达系统。大肠杆菌在未经处理时很难接纳重组 DNA 分子，但如果经过物理或化学方法诱导，细胞会变得敏感而易于接受外源 DNA，这种处于易于接受外源 DNA 的生理状态的细胞叫做感受态细胞(competent cell)。当培养至对数生长期的大肠杆菌在 0℃，并经过二价阳离子(如 Ca^{2+}、Mg^{2+} 等)低渗溶液处理后，大肠杆菌细胞就会膨胀为球形而成为高效的感受态细胞。本实验以氯化钙处理大肠杆菌细胞为例，了解和掌握感受态细胞的制备过程。

【实验用品】
1. 材料

菌株 E. coli DH5α。

2. 仪器

高速制冷离心机、培养箱、恒温摇床、恒温水浴锅、超净工作台、冰箱、超低温冰箱、制冰机、紫外分光光度仪。

3. 试剂

(1) LB 培养基　称取酵母提取物(yeast extraction) 5g、胰蛋白胨(tryptone) 10g、NaCl 5g，用水溶解，调 pH 至 7.0，定容至 1 L(固体培养基再加 15 g 琼脂)，分装密封。

(2) 0.1mol/L $CaCl_2$。

(3) 20% 甘油。

注意：所有试剂均需高温、高压灭菌〔121℃，1.1kgf/cm²（1kgf/cm²＝0.098MPa）下20min〕。

【实验方法】

（1）将低温保存的 E. coli DH5α 菌株划线接种在已灭菌的不含抗生素的 LB 固体培养基平板上，在37℃培养箱中过夜培养。

（2）挑一单菌落接种于 LB 液体培养基中，于37℃、250r/min 条件下过夜培养（约16 h）。

（3）取1mL 过夜培养的菌液加到100mL LB 液体培养基中，于37℃、250r/min 条件下活化培养2~3 h，至600nm 波长处光密度值 OD_{600}＝0.2~0.4（使细胞数小于10^8/mL，此条件下制成的感受态细胞转化效率高）。

（4）将培养液分装到2个50mL 预冷的无菌离心管中，冰水浴中放置10min，使培养物冷却到0℃。然后于4℃、4000r/min 条件下离心10min，收集菌体。

（5）倒掉上清液，用10 mL 冰冷的0.1mol/L $CaCl_2$ 溶液重悬细胞，冰上放置10 min，然后于4℃、4000r/min 条件下离心10 min。

（6）弃掉上清液，细胞沉淀用8 mL 预冷的0.1mol/L $CaCl_2$ 溶液轻悬，转入10 mL 预冷的离心管中。冰浴中保存备用（12~14h 内转化效率最高）；如需长期保存，则加入已灭菌的20% 甘油，以每管100μL 分装于1.5mL 离心管中，液氮速冻后，于－80℃下保存备用。

【注意事项】

1. 在本操作流程的前几步中，每次离心后，尽量将上清液去除干净，以防 LB 培养基的污染。

2. 整个实验操作保持无菌及冰浴环境。

3. 感受态细胞使用时随取随用，避免反复冻融而降低转化效率。

【思考题】

1. 处于何种生长状态的 E. coli DH5α 能够用于制备感受态细胞？

2. 为什么整个制备大肠杆菌感受态细胞的过程都需要在冰上进行？

实验 2　外源 DNA 转化大肠杆菌及重组子筛选

【实验目的】

1. 了解转化在分子生物学研究中承上启下的重要意义。
2. 学习将外源 DNA 转入受体菌(大肠杆菌)细胞的技术。
3. 掌握筛选重组子的原理及方法，评估质粒转化结果。

【实验原理】

转化是将外源 DNA 分子引入另一细胞体系，使受体细胞获得新遗传性状的一种手段。经过 $CaCl_2$ 处理的大肠杆菌感受态细胞，在一定条件下能够允许外源 DNA 进入，实现转化。经过转化后的细胞再经过恢复、繁殖，最后利用质粒上的遗传选择标记进行筛选，即可筛选出转化子(接纳有外源 DNA 分子的受体细胞)或重组子(含有重组 DNA 分子的转化子)。依据载体的不同特征主要有以下两种筛选方法。

(1)带抗性标记的质粒载体转化大肠杆菌的筛选方法　当带有完整抗药性基因的载体转化到无抗药性细菌细胞后，转化子都获得了抗药性，能在含有相应抗生素的 LB 平板上生长成菌落，而非转化子则不能生长。

(2)利用 *LacZ* 基因插入失活的筛选方法——蓝白筛选法　部分载体如 pUC、pGEM 系列、M13 噬菌体同时含有氨苄青霉素抗性基因和编码 β-半乳糖苷酶(β-galatosidase)基因(*LacZ* 基因)。若外源基因插入 *LacZ* 基因内则破坏了读码框而产生失活的 α 肽段；而宿主菌染色体上携带的缺陷基因能编码产生其余肽段，当二者之间进行基因内互补时，则会产生有活性的 β-半乳糖苷酶基因，从而使宿主细菌在含有 IPTG，X-gal 的培养基上呈蓝色。因此，在同时含有氨苄青霉素和蓝白筛选显色剂(X-gal)的平板上筛选，未转化细胞不能生长；空载体转化菌长成蓝色菌落，重组子长成白色菌落。

【实验用品】

1. 材料

感受态细胞(制作方法参见第 3 章实验 1)、pUC19 质粒。

2. 仪器与耗材

超净工作台、高速制冷离心机、恒温摇床、酒精灯、涂布器、恒温水浴锅、电子天平、制冰机、高压灭菌锅、三角瓶、烧杯、量筒、培养皿、Parafilm 封口膜、微量移液器和吸头、1.5 mL 离心管。

3. 试剂

(1)LB 液体培养基(配制方法见第 3 章实验 1)。

（2）LB 固体培养基［含 50 μg/mL 氨苄青霉素（Amp）］。

（3）20% IPTG（w/v）。

（4）2% X-gal（w/v）。

【实验方法】

（1）取已制备好的感受态细胞置于冰上溶解后，将 0.1 μg pUC19 质粒 DNA 加入到感受态细胞中，用吸头缓慢搅动混匀，在冰上放置 30 min。

（2）将上述装有感受态细胞的离心管在 42℃ 水浴锅中热激 90 s 后，迅速转移至冰上放置 2 min。

（3）向上述离心管中加入 600 ~ 1 000 μL LB 液体培养基，于 37℃、150r/min 条件下振荡培养 1.5 ~ 2 h。

（4）在超净工作台上，用涂布器在 LB 固体培养基平皿上（含 Amp）均匀涂抹 2% X-gal 40 μL 和 20% IPTG 4 μL 的混合液。

（5）将活化后的菌体均匀涂布于含 Amp 的 LB 平板上，置于 37 ℃培养箱中，1h 后将平板倒置，培养 16 h。

（6）取出培养皿于 4℃下放置数小时，使菌斑在这一期间充分显色，成功的重组子显示为白色菌落。

【注意事项】

1. 实验所用吸头、试剂等均应灭菌后使用。

2. 涂布培养物时应尽量均匀涂抹并涂干，使培养基充分吸收培养物，以获得较好转化结果。

【思考题】

1. 培养皿在 37℃培养时，为什么要倒置培养？

2. 重组子的筛选有哪些方法？它们分别基于哪些基本原理？

实验 3　碱裂解法小提质粒 DNA 和限制性内切酶消化 DNA

【实验目的】

1. 学习并掌握碱裂解法小提质粒 DNA 的技术，为细菌转化做准备。
2. 掌握 DNA 消化的原理及方法。
3. 熟练并正确使用移液枪、高速冷冻离心机等仪器。

【实验原理】

　　质粒(plasmid)是细胞染色体外一种双链 DNA 分子，它随寄主细胞稳定遗传，在基因操作中具有非常重要的作用。例如，克隆操作中往往都是将克隆片段先插入到通用大肠杆菌载体的多克隆位点区后，再进行直接测序或根据需要再克隆到其他载体上。大肠杆菌质粒多为一些双链环状的 DNA 分子，它们是独立于细菌染色体之外进行复制和遗传的单位。质粒的存在能赋于菌体一些特殊的表型，主要包括修饰酶和对抗生素的抗性等。因此，质粒的分离与提取也成为最常用、最基本的一项实验技术。

　　碱裂解法是一种应用广泛的制备质粒 DNA 的方法。十二烷基磺酸钠(SDS)是一种阴离子表面活性剂，能使细菌细胞裂解、蛋白质变性。用 SDS 处理细菌后，会导致细菌细胞破裂，释放出质粒 DNA 和染色体 DNA，二者在强碱环境下都会变性。当加入酸性乙酸钾溶液使 pH 恢复较低的近中性水平时，绝大多数变性质粒 DNA 可以恢复自然状态溶解在液体中，而变性染色体 DNA 则难以复性。在离心时，大部分染色体 DNA 与细胞碎片、杂质等缠绕在一起而被沉淀，而可溶性的质粒 DNA 留在上清液中。再由异丙醇沉淀、乙醇洗涤，可得到纯化的质粒 DNA。

　　限制性内切酶(restriction endonuclease)是一类具有严格识别位点，并在识别位点内或附近切割双链 DNA 的脱氧核糖核酸酶(DNase)。根据其生物学活性特点，建立一个最适的缓冲体系(温度、pH 值、离子强度)，使内切酶能最大限度地发挥其切割作用(图 3-1)。酶切反应终止后，取适量反应液进行快速琼脂糖凝胶电泳检测。

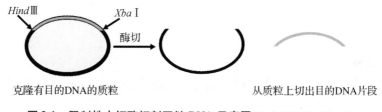

克隆有目的DNA的质粒　　　　　　　　　　从质粒上切出目的DNA片段

图 3-1　限制性内切酶切割双链 DNA 示意图(引自卢圣栋，2006 年)

【实验用品】

1. 材料

菌种 E. coli DH5α 含质粒 pUC19。

2. 仪器与耗材

冷冻离心机、恒温培养箱、高压灭菌锅、恒温水浴锅、电子天平、高速台式离心机、移液器及吸头、制冰机、200 mL 三角瓶、烧杯、刻度量筒、培养皿、试管、Para-film 膜、灭菌的 1.5 mL 离心管。

3. 试剂

(1)LB 培养基　配置方法参见第 3 章实验 1。

(2)溶液Ⅰ　　1mol/L Tris-HCl　25mL

　　　　　　　1mol/L EDTA　10mL

　　　　　　　葡萄糖　0.9g

　　　　　　　加水定容至 100mL

(3)溶液Ⅱ　　NaOH　0.2 mol/L

　　　　　　　SDS　1%（w/v）

　　　　　　　用 10 mol/L NaOH 和 10% SDS 贮存液配制，现用现配。

(4)溶液Ⅲ　取 5mol/L KAc 60 mL、冰醋酸 11.5 mL、H_2O 28.5 mL 混合即得溶液Ⅲ。

注意：以上试剂配制完成后除溶液Ⅱ外，其他试剂需在 121℃、1.1kgf/cm^2 下灭菌 15~20 min。

(5)TE 缓冲液　1mol/L Tris-HCl(pH=8.0)　1mL

　　　　　　　0.5mol/L EDTA(pH=8.0)　2mL

　　　　　　　加水定容至 100mL，121℃ 高压灭菌后备用。

(6)70% 乙醇　用无水乙醇和灭菌无离子水配置，于 4℃ 冰箱中贮存备用。

(7)核糖核酸酶 RNase A　将 RNase A 溶于 10 mmol/L Tris-HCl(pH=7.5)中，浓度为 10 mg/mL，100℃ 加热 10~30 min，除去 DNase 活性，缓慢冷却至室温，分装成小份，于 -20℃ 下贮存。

(8)氨苄青霉素、*Hind* Ⅲ 和 *Xba* Ⅰ 限制酶（购于 TaKaRa 公司）。

【实验方法】

1. 提取质粒

(1)取含有 pUC19 质粒的大肠杆菌菌液均匀涂抹于含有 Amp 抗生素的固体 LB 培养基上，于 37℃ 下过夜培养。

(2)用无菌吸头挑取单菌落到含抗生素的 10 mL LB 培养液中，于 37℃、250r/min 条件下过夜培养。

(3)将过夜培养的菌液吸取到 1.5 mL 离心管中，于 12 000r/min 速度离心 2 min，弃上清 LB 培养液，重复 3 次收集菌体。

(4)加入 250 μL 溶液Ⅰ，重悬离心后的菌块，振荡混匀(注意：应彻底打匀沉淀或碎块)。

(5)加入 250 μL 溶液Ⅱ，缓慢翻转离心管 5~10 次，室温下静置 5 min，放置至清亮。

(6)加入 350 μL 溶液Ⅲ，缓慢翻转离心管，将沉淀缠绕紧实，冰上放置 10~15 min，于 13 000r/min 速度离心 10 min。

(7)吸取 600 μL 上清液(注意：不要吸取到飘浮的杂质)于一支新的 1.5 mL 离心管中，加入等体积的异丙醇，颠倒 5~10 次，混匀，冰上放置 10 min，于 13 000r/min 速度室温下离心 10 min，沉淀质粒 DNA，倒尽上清液。

(8)加 70% 乙醇浸洗除盐，于 13 000r/min 速度离心 3 min 后倒去上清液。

(9)室温放置或超净台上风干质粒 DNA。加 50 μL 灭菌超纯水或 TE 缓冲液溶解质粒 DNA。

(10)加入 1 μL RNase 酶，于 37℃ 下放置 30 min。

(11)电泳检测质粒 DNA。

2. 限制性内切酶消化质粒 DNA

(1)建立下列反应体系：在离心试管中加入质粒 DNA 1μg、10×酶切反应缓冲液 2μL、*Xba*Ⅰ 1μL、*Hind*Ⅲ 1μL，加双蒸水至 20μL。

(2)于 800r/min 速度离心 5s，在 37℃ 下消化 30~60 min。

(3)取 5 μL 酶切产物用琼脂糖凝胶电泳进行分析(方法见第 3 章实验 4)。

【注意事项】

1. 提取过程应尽量保持低温。

2. 实验用菌不能污染周围环境。

3. 沉淀 DNA 一般用冰异丙醇(使用等体积)，不仅可以达到完全沉淀的目的而且速度快(在低温条件下放置时间稍长可使 DNA 沉淀效果更好)，但同时也能把盐一起沉淀下来，所以还要用 70% 乙醇浸洗除盐。

4. 弃上清液要彻底，可通过使用小离心机把管壁上的少量液体离心到管底，再用微量移液器吸出。

【思考题】

1. 一般情况下碱提取法的质粒在琼脂糖凝胶电泳中会出现几条带？各条带质粒之间有什么不同？

2. 本实验的哪些试剂常放在 4℃ 保存？

实验 4　琼脂糖凝胶电泳

【实验目的】

1. 通过实验学习并掌握琼脂糖凝胶电泳技术。
2. 学会运用琼脂糖凝胶电泳技术对 DNA、RNA 进行检测，以满足实验要求。
3. 熟练操作制胶、点样等实验步骤。

【实验原理】

琼脂糖凝胶电泳是基因工程实验中常用的技术，是一种非常简便、快速地分离和鉴定核酸的方法。电泳技术是指在电场作用下，由于样品中不同分子的大小、构型以及带电性质的差异，使得带电分子产生不同的迁移速度，从而对样品进行分离和鉴定。琼脂糖凝胶具有电泳后区带易染色、图谱清晰、分辨率高的特点，因此被作为最常用的电泳支持物。核酸作为两性电解质，在常规的电泳缓冲液中(pH 值约为 8.5)，其带负电荷，在电场中向正极移动，如果采用适当浓度的琼脂糖凝胶介质作为电泳支持物，可使不同大小、构型的核酸分子在相同的电泳条件下的迁移速度出现差异，以达到分离的目的。影响核酸分子迁移速度的主要因素有 DNA 分子的大小、琼脂糖浓度、电流强度等。此外，凝胶中的 DNA 可与荧光染料溴化乙锭(EB)结合，在紫外灯下可看到荧光条带，借此可分析实验结果。

【实验用品】

1. 材料

质粒 pUC19 及酶切产物(制备方法见第 3 章实验 3)。

2. 仪器与耗材

电泳装置(电泳仪、水平电泳槽、梳子、制胶槽)、凝胶成像系统、微波炉、量筒、烧杯、三角瓶、称量纸、微量移液器、吸头、一次性手套。

3. 试剂

琼脂糖(agarose)、DNA marker、溴化乙锭(10 mg/mL，英文缩写为 EB，有剧毒)、50 × TAE(pH = 8.0)(配制方法见附录一，用时稀释到 1 × 使用)、6 × 凝胶上样液(loading buffer，配制方法见附录一)。

【实验方法】

1. 准备胶床

将胶床放置于制胶器中，卡紧。在胶槽一端放置好合适大小及厚度的梳子，置于一平整的桌面上，待用。

2. 制胶(1% 琼脂糖凝胶)

(1)称取 0.2 g 琼脂糖置于三角瓶中，加入 20 mL 1×TAE 缓冲液。

(2)微波炉加热、煮沸，期间反复振摇 2~3 次，使琼脂糖充分融化(注意：切忌不要把凝胶煮干)。

(3)待胶冷却至 60℃ 左右时，将融化的琼脂糖凝胶小心地倒入准备好的胶床中(注意不要产生气泡)，让凝胶自然冷却至完全凝固(需要 20~30 min)。

(4)小心向上方拔出梳子，避免前后、左右摇晃，以防破坏胶面及加样孔。

将制备好的胶连同胶床一起放入电泳槽中，样品孔在阴极端。

(5)向电泳槽中加入 1×TAE 电泳缓冲液，液面高于胶面 1~2 mm。

3. 上样电泳

(1)取 2 μL 凝胶上样缓冲液(6×loading buffer)于 Parafilm 上，加 2 μL 电泳缓冲液与 2 μL 质粒或 5 μL 酶切产物反复吹打混匀。

(2)枪头垂直伸入液面下胶孔中，小心上样于孔内(注意不要捅破胶孔)。

(3)打开电泳仪电源，调整电压、电流，开始电泳；电泳的开始以正、负极铂金丝有气泡出现为准。

(4)根据指示剂迁移的位置，判断是否终止电泳。切断电源后，取出凝胶。

(5)凝胶取出后于含 EB 的溶液中染色 20 min[注：可在制胶步骤的第(4)步中倒胶前少量滴入 1 滴 EB 溶液，本步骤则可省略]。

4. 凝胶紫外观察

将染色后的凝胶取出，置于紫外监测仪或凝胶成像系统中观察、照相、保存，并记录结果(如图 3-2 所示)。

碱裂解法抽提得到质粒样品电泳检测时，一般会得到三条带，并且是以电泳速度的快慢排序的，分别是超螺旋、开环和复制中间体(即没有复制完全的两个质粒连在了一起)。质粒经双酶切后得到两条带，迁移率较质粒大。

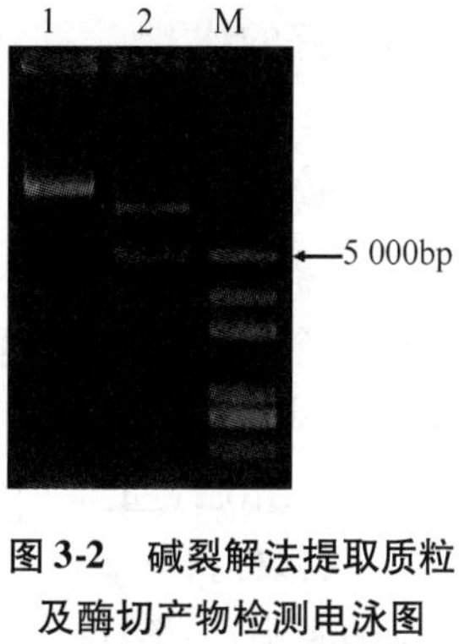

图 3-2 碱裂解法提取质粒及酶切产物检测电泳图
1—泳道为质粒电泳条带；
2—泳道为酶切结果电泳条带；
m—DNA Maker

【注意事项】

1. 制胶和加样过程中要防止气泡的产生。

2. EB 具有强诱变性，可致癌。因此操作时必须戴手套，严格注意防护。

3. 加样时，Tip 头不宜插入样品孔太深，切忌不要穿破胶孔壁，否则样品会渗漏或带形不整齐。

【思考题】

1. 影响 DNA 片段琼脂糖电泳的几个因素是什么？

2. 如果样品电泳后很久都没有跑出点样孔，是哪几方面原因导致的？

实验 5　植物基因组 DNA 的提取

【实验目的】

1. 理解植物 DNA 提取的原理。
2. 掌握植物 DNA 提取的方法。
3. 掌握 DNA 纯化的方法。

【实验原理】

DNA 是遗传信息的载体，是分子生物学研究的主要对象，因此 DNA 提取是分子生物学实验技术中最重要、最基本的操作。真核生物 DNA 主要存在于细胞核中与蛋白质结合在一起，以核蛋白的形式存在。DNA 提取是植物分子生物学研究的基础技术，经过改良的 DNA 提取方法如 CTAB 法、SDS 法等已经在植物基因组 DNA 提取中被大量应用。DNA 提取操作步骤按裂解—提取—纯化的顺序进行，在 DNA 提取过程中应做到：①保证 DNA 一级结构的完整性；②尽量排除其他大分子成分（如蛋白质、多糖及 RNA 等）的污染；③保证提取样品中不含对酶有抑制作用的有机溶剂及高浓度金属离子。

对于植物材料，由于存在细胞壁，因此提取时必须研磨以破碎细胞壁。植物细胞 DNase 水平低，蛋白含量也低，其操作要点是避免植物次生代谢物质（如多酚、多糖、类黄酮等）与 DNA 共存，以保证 DNA 实现正常酶切等操作。针对这些特点，CTAB 法可获得较好的结果。

【实验用品】

1. 仪器与耗材

高速冷冻离心机、恒温水浴锅、电泳装置、凝胶成像系统、NanoDrop©核酸微量定量仪、通风橱、液氮罐、移液器、研钵、研棒、称量纸、容量瓶、瓷盘、一次性手套、取液器、三角瓶、量筒（100 mL）、各种规格枪头及枪头盒、1.5 mL 离心管、金属药勺。

2. 实验材料

小麦叶片：将小麦种子置于培养钵中萌发，当幼苗长至 4~5 cm 时，即可收集用于实验。如要降低叶片中色素含量，可在萌发后遮光，培养黄化苗。

3. 试剂

（1）提取缓冲液　1L 提取缓冲液包含：0.1mol/L Tris-HCl（pH = 8.0）；0.02mol/L EDTA（pH = 8.0）；1.5mol/L NaCl；2% PVP40（w/v）；2% CTAB（w/v）；2% β-巯基乙醇（临用前加入）。

（2）氯仿-异戊醇液（24:1，v/v）。

(3)酚-氯仿-异戊醇液(25:24:1，v/v)。

(4)TE 溶液　10 mmol/L Tris-HCl (pH = 8.0)，1 mmol/L EDTA。

(5)无水乙醇、70%乙醇。

(6)3 mol/L NaAc (pH = 5.2)。

【实验方法】

(1)称取 0.1 ~ 0.2 g 幼嫩小麦叶片，放入预冷的研钵中，液氮氛中快速、充分研磨，用洁净的金属药勺将研磨得到的粉末迅速转移至 1.5 mL 离心管中，加入 65℃预热的提取缓冲液 1 mL，颠倒混匀(如粉末集中在管底，可用枪头搅动沉淀)；将溶液置于 65℃水浴中 40 min，期间不时轻轻转动离心管。

(2)加等体积氯仿-异戊醇(24:1)振荡混匀，在 4℃下以 12 000 r/min 速度离心 10 min，将上清液转移到另一离心管中，用氯仿-异丙醇再抽提一次，离心，收集上清液。

(3)加入 0.6 倍体积预冷的异丙醇，缓慢颠倒离心管混匀，室温下静置 30min。用干净毛细管将絮状 DNA 挑出，或直接室温下以 12 000 r/min 速度离心 10 min，用 70% 乙醇洗涤沉淀 1 ~ 2 次，再用无水乙醇洗涤 1 次，室温下干燥沉淀。

(4)加 200 μL TE 或纯水(ddH₂O)，室温放置或轻弹离心管直至 DNA 完全溶解。

(5)加入 20 μL 无 DNase 的 RNase 水(10 mg/mL)，37℃下保温 1 h，用等体积的酚－氯仿－异戊醇(25:24:1)抽提 1 ~ 2 次，将上清液转移到另一个离心管中。

(6)加 0.1 倍体积的 3mol/L NaAc(pH = 5.2)、2 倍体积的冰预冷的无水乙醇，混匀后放置 5 min。缓缓水平转动离心管，此时界面处将形成一团黏稠透明的絮状沉淀，用毛细管轻轻钩出，转移到 1.5 mL 离心管中或以 12 000 r/min 速度离心 10 min，沉淀 DNA。

(7)用 1 mL 70%乙醇洗涤沉淀，以 10 000 r/min 速度离心 10min，弃上清液，再用 70%、100%乙醇各洗沉淀 1 次，干燥沉淀。

(8)用 50 μL 的 TE 或纯水(ddH₂O)重新溶解沉淀，于 - 20℃或 - 70℃下贮存。

(9)用 1%琼脂糖凝胶电泳检测(如图 3-3 所示)。NanoDrop©核酸微量定量仪测定 DNA 浓度，其中 OD₂₆₀/OD₂₈₀ 应在 1.8 ~ 1.9 之间，说明 DNA 纯度较高，无 RNA 及蛋白质污染。

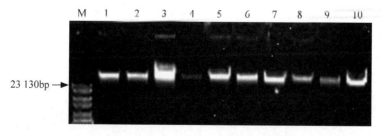

图 3-3　小麦叶片 DNA 提取电泳图

M—DNA marker(*Hind* Ⅲ 酶切的 λ DNA)；1 ~ 10—不同的提取样品

如图 3-3 所示，所有样品提取 DNA 均在 5 kb 以上，说明该方法提取的基因组 DNA 完整性较好；3、5、7、10 号泳道有拖尾现象，说明有蛋白质污染；4 号泳道条带较暗，说明提取 DNA 量较少，可能是取样量不足、研磨不充分或样品裂解不充分所致。

【注意事项】

1. 尽量使用新鲜样品或液氮速冻于 –70℃ 保存的样品以防止 DNA 降解。

2. 样品的研磨必须充分，且整个过程完全在液氮存在的条件下完成，以保证组织充分破碎和 DNA 的完整性。

3. 提取缓冲液要预热，以抑制 DNase，加速蛋白变性，且要保证提取液与样品充分混匀。

4. 各操作步骤要轻柔，减少机械剪切力对 DNA 的损伤。异丙醇、乙醇、NaAc 等要预冷，以减少 DNA 的降解，促进 DNA 与蛋白质等的分相及 DNA 沉淀。

5. 所有试剂均用高压灭菌双蒸水配制。

【思考题】

1. 如果提取的基因组 DNA 有降解，可能的原因是什么？如何解决？

2. DNA 纯化应达到怎样的要求？如何去除蛋白质、多糖、多酚等杂质的污染？

实验 6　植物总 RNA 的提取及 cDNA 第一链合成技术

【实验目的】

1. 理解总 RNA 提取的原理。
2. 掌握植物总 RNA 提取的方法及反转录技术。
3. 掌握 RNase 的抑制及抑制剂的使用。

【实验原理】

植物组织总 RNA 的提取是植物分子生物学研究的必要手段。高质量的 RNA 可进行 RT-PCR、Northern 杂交分析、基因克隆、cDNA 文库构建以及转录组测序等后续实验。但植物组织中所含有的 RNase、多糖、次级代谢物、酚类化合物以及蛋白质在细胞破碎前互不影响,在破碎后则与 RNA 相互作用导致 RNA 降解、丢失或后续酶促反应的失败。不同植物组织中的蛋白质、多糖、酚类、脂类等成分含量有较大差异,因此从不同材料中提取 RNA 的难度不同,适宜的 RNA 提取方法也不尽相同。

经过多年经验总结,改良热硼酸法是提取植物总 RNA 的推荐使用方法。抽提缓冲液中的 SDS 是一种强阴离子去垢剂,可以使蛋白质变性,提取过程中加入蛋白酶 K 可以将 RNase 和其他蛋白质降解;还原剂 NP-40 和 DTT(二硫苏糖醇)可以抑制 RNase 活性,阻止酚类物质氧化。氯化锂是强脱水剂,可降低 RNA 溶解度,并剥离染色质上的蛋白质。高浓度氯化锂可以将蛋白质与 RNA 分开,通过离心获得纯度较高的总 RNA,尤其是针对次生代谢物质较多的植物组织,该方法效果较好。

经上述方法获得的 RNA,即可进入 cDNA 第一链合成,即反转录 PCR 反应(reverse transcription PCR,RT-PCR)。利用 RT-PCR 技术分离目的基因是目前基因操作中最有效的途径,RT-PCR 扩增产物经纯化、回收、与载体重组克隆,即可实现基因的分离。

【实验用品】

1. 仪器与耗材

超净工作台、移液器、冷冻高速离心机、超低温冰箱($-80℃$)、高速冷冻离心机、NanoDrop©核酸微量定量仪、液氮罐、电泳设备、凝胶成像仪、PCR 仪、陶瓷研钵、PCR 管、1.5 mL 离心管、蓝盖试剂瓶(250 mL,500 mL)、量筒(100 mL,500 mL)、一次性手套。

2. 实验材料

小麦幼嫩叶片和花组织。

3. 试剂

RNA 提取缓冲液[1L 提取缓冲液中包含 200 mmol/L 硼酸钠 · $10H_2O$ 、25 mmol/L

EDTA、1%（w/v）SDS、1%（w/v）脱氧胆酸钠、2%（w/v）PVP（MW 40 000）、0.5%（w/v）Nonidet-40（NP-40，pH＝9.0）]、DTT 贮备液（1 mol/L）、蛋白酶 K 贮备液（20 mg/mL）、KCl（2 mol/L，pH＝5.5）、LiCl（10 mol/L）、Tris-HCl（10 mmol/L，pH＝7.5）、无水乙醇、70%乙醇、KAc（2mol/L）、无 RNase 的 DNase Ⅰ、氯仿、MMLV 反转录酶、dNTP 混合物（各 10 mmol/L）、RNase 抑制剂（选用）、寡核苷酸引物 [Oligo（dt）或随机引物]、不含 RNase 的水。

　　注意：所有仪器耗材、试剂均需先进行无 RNase 处理，处理方法见注意事项。

【实验方法】

1. 小麦叶片总 RNA 提取

　　（1）将 0.1 g 叶片或花组织放入预冷的研钵中，液氮氛中研磨，将粉状的组织用预冷的金属药勺舀入 1.5 mL 离心管中，加入 1 mL 预热至 80℃的提取缓冲液，同时加入 10 μL DTT 贮备液和 40 μL 蛋白酶 K 贮备液。

　　（2）在 42℃的摇床中 100 r/min 温和混匀 1.5 h，加入 80 μL KCl，在冰上放置 1 h。

　　（3）以 12 000 r/min 速度离心 20 min，取约 900 μL 上清液，加入 1/3 体积的 10 mol/L LiCl，上下颠倒混匀，4℃下过夜（至少 8 h）。

　　（4）以 12 000 r/min 速度离心 20 min，弃掉上清液，沉淀用 2 mol/L LiCl（预冷至 4℃）洗 2~3 次，直到上清液为无色。

　　（5）加入 400 μL 的 10 mmol/L Tris-HCl（pH＝7.5）溶解沉淀，加入等体积氯仿，混匀后以 12 000 r/min 速度离心 10 min，将上清液转移到另外一支新的离心管中。

　　（6）加入 1/10 体积的 2 mol/L KAc，颠倒混匀，冰上冷却至 0℃。

　　（7）以 15 000 r/min 速度离心 10 min，转移 300 μL 上清液，注意不要吸入管底杂质。

　　（8）加入 750 μL 预冷的无水乙醇，－70℃冷冻 1 h。以 15 000 r/min 速度离心 10 min。

　　（9）依次用预冷的 70%乙醇、无水乙醇洗涤 RNA 沉淀各 1 次，以 12 000 r/min 速度离心 5 min，弃掉上清液。

　　（10）放置于超净工作台中自然风干 5 min，100 μL 无 RNase 水溶解沉淀。

　　（11）加入 10 U（1μL＝200U）的 DNase Ⅰ 于 37℃恒温培养箱中消化 30 min。

　　（12）加入等体积的氯仿，混匀后以 12 000 r/min 速度离心 10 min。

　　（13）取适量上清液，－70℃超低温冰箱保存或直接进行后续实验。

2. cDNA 第一链合成（用于 PCR 反应）

（1）按下面所列配制反转录（RT）反应体系。

RNA 模板（注意：RNA 样品不能含有基因组 DNA 污染。）

总 RNA	100~500 ng
或聚（A）mRNA	10~500 ng

　　引物

　　寡核苷酸引物[Oligo (dt)18, 0.5 µg/µL] 或随机引物(0.2 µg/µL)　1 µL

不含 RNase 的水　　　　　　　　　　　　　　　　　补水到 12 µL

严格按下面所列顺序加入各成分。

5×RT 缓冲液	4 µL
RNase 抑制剂(40 U/µL)	1 µL
dNTP 混合物(各 10mmol/L)	2 µL

　　(2)37℃下保温 5 min;对富含二级结构的高 GC RNA 模板,需 45℃下保温 5 min; 如果使用随机引物,则需 25℃下 5 min。

　　(3)加入 1 µL (=200 U) 的 MMLV 反转录酶,反应终体积为 20µL。

　　(4)42℃下反应 60 min(如果使用随机引物,需要先 25℃下反应 10 min,然后再 42℃下反应 60 min),此步为 RT 反应(可在 PCR 仪上完成操作)。

　　(5)70℃下保温 10 min 以终止反应,然后放置于冰上待用。合成的 cDNA 可直接作为 PCR 模板使用,不需要纯化。

　　注意:MMLV 反转录酶使用前必须短暂离心,因其含有 50% 的甘油,所以极其黏稠,否则将取不到所需体积。

【实验结果】

1. RNA 浓度的计算

　　取 RNA 样品 1µL,NanoDrop©核酸微量定量仪测定 RNA 浓度,按 1OD$_{260}$ 的 RNA 浓度是 40 µg/mL 为基准量计算。

　　需要检测 OD$_{260}$/OD$_{280}$,其值最好在 1.8~2.2 之间。

$$RNA\ 浓度 = OD_{260} × 稀释倍数 × 40\ µg/mL$$

2. RNA 完整性检测

　　RNA 完整性可通过 1.5% 琼脂糖电泳快速检测(110V,20~30 min)。RNA 样品电泳后,可见 28s、18s 及 5s 小分子 RNA 条带,且 28s 和 18s RNA 条带宽度比值约为 2:1 (图 3-4),则说明提取 RNA 完整性好,无降解。

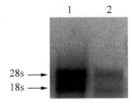

图 3-4　热硼酸法提取大豆叶和花组织 RNA

1—叶;2—花

(引自郭彬等,2013)

【注意事项】

1. 所提取的样品必须新鲜；低温保存样品要经过液氮速冻，−70℃下保存。

2. 研钵、量筒、药勺、试剂瓶等玻璃制品均用锡纸包裹口部，置于烤箱内，180℃下烤 6 h，冷却备用。

3. 离心管、枪头等塑料制品用 0.1% DEPC 水（或蛋白酶 K 水）浸泡 12 h 以上，用 121℃高压蒸汽灭菌 20 min。

4. 电泳槽及制胶槽、梳子用 0.4mol/L NaOH 浸泡处理 30 min。

5. 操作过程中戴一次性口罩、帽子、手套，实验过程中手套要勤换，避免 RNase 对 RNA 的降解。

6. 设置专门的 RNA 操作区，实验台在使用前用 0.4mol/L NaOH 擦拭。

7. 所用试剂如乙醇、氯仿等，最好为新开封或 RNA 专用试剂；配制药品，包括稀释电泳缓冲液所用水为不含 RNase 的水。

8. 所有操作应该在 15~30℃的条件下完成。

【思考题】

1. 在 RNA 提取过程中如何抑制 RNase 活性？

2. 如果在电泳检测中发现 5s 条带明显比 18s 和 28s 条带明显，说明什么？

实验 7　PCR 反应

【实验目的】

1. 理解 PCR 技术的原理。
2. 掌握 PCR 反应体系的配置方法。
3. 掌握 PCR 仪的使用方法。

【实验原理】

聚合酶链式反应(polymerase chain reaction)，简称 PCR，是美国科学家 K. B. Mullis 于 1983 年发明的一种在体外模拟体内 DNA 复制基本过程，将微量目的基因或某一特定 DNA 片段扩增数十万倍，乃至千万倍的方法，又称基因体外扩增法。目前，PCR 技术广泛应用于遗传性疾病诊断、传染病病原体检测、法医学、考古学以及分子生物学相关的各个领域，已然成为生物学研究的基本实验技术。

PCR 技术快速敏感，操作简单，其特异性来源于与靶序列两端互补的寡核苷酸引物。PCR 反应涉及多次重复进行的温度循环周期，每一个温度循环由高温变性—低温退火—适温延伸三个基本反应步骤构成。

①模板 DNA 的变性　模板 DNA 经加热(>91℃)1 min 左右，使双链 DNA 发生变性成为单链；

②模板 DNA 与引物的退火(复性)　降低反应温度(约 50℃)1 min，使专门设计的引物与两条单链 DNA 模板的互补序列配对结合；

③模板 DNA 的延伸　在耐高温 DNA 聚合酶的作用下，以 dNTPs 为底物，从引物的 3′端开始掺入，沿模板分子按 5′ – 3′的方向，以半保留复制的方式进行体外延伸。重复上述循环(变性—退火—延伸)30 次，理论上可以使靶序列得到 10^9 的扩增(图 3-5)。

影响 PCR 反应的因素有很多，归结起来主要有五个因素，分别是：模板 DNA、引物、扩增缓冲液(buffer)、酶和底物(dNTPs)，称为 PCR 反应的五要素。有如下要求：

①模板 DNA　保证纯度，即在 DNA 提取过程中尽量去除可能对酶产生抑制的有机或无机溶液，如 SDS、氯仿、乙醇等。DNA 的起始浓度一般在 50 ~ 1 000 ng/μL，DNA 的起始浓度过小，则应适当增加循环次数；DNA 的起始浓度过大，则会抑制 PCR 循环。

②引物　引物是决定 PCR 反应特异性的关键因素，要遵循引物设计原则进行设计(见附注)，可以利用引物设计软件 (如 Primer Premier 5.0 等)进行设计。

③扩增缓冲液(含 Mg^{2+})　扩增缓冲液为 PCR 反应提供良好的反应环境。其中 Mg^{2+} 作为 DNA 聚合酶活性中心，对酶的活性有较大影响。Mg^{2+} 的浓度过高，会降低反应特异性，出现非特异扩增；Mg^{2+} 的浓度过低，会降低反应效率。一般 Mg^{2+} 的浓度在

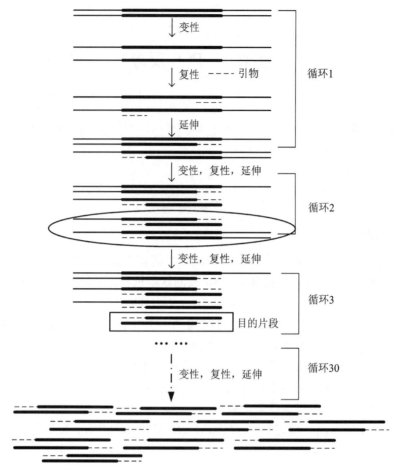

变性

复性 ---- 引物   循环1

延伸

变性，复性，延伸   循环2

变性，复性，延伸   循环3

目的片段

……

变性，复性，延伸   循环30

图3-5 PCR 扩增原理图(引自阎隆飞等，2003)

(——表示目的基因片段，……表示引物序列，

═══表示扩增获得的目的片段)

1.5 ~ 2.0 mmol/L 为宜。

　　④DNA 聚合酶　常用的耐高温聚合酶有 Taq 和 Pfu，其中 Taq 扩增效率高但易发生错配，Pfu 扩增效率低但有纠错功能，可根据实际需要选择。催化一典型的 PCR 反应需酶量 1 ~ 2 U，浓度过高会造成非特异性扩增，浓度过低则合成产物量减少。

　　⑤dNTPs　dNTPs 是 4 种 dNTP 等物质的量配制的混合物，是 PCR 反应中最易降解的组分，购买回来应尽快分装，避免反复冻融，反应体系中终浓度为 50 ~ 200 μmol/L。

【实验用品】

1. 仪器与耗材

　　热循环仪(PCR 仪)、冰箱、台式离心机、移液器(覆盖 1 ~ 1 000 μL)、电泳仪、电泳槽、凝胶成像系统、一次性 PE 手套、PCR 管、各种规格枪头。

2. 试剂

Taq DNA 聚合酶、dNTPs、ddH$_2$O（均购于 Takara 公司）、DNA marker（SM0331，Fermentas）、引物由华大基因合成。

本实验扩增小麦 histone 1（*TaH*1）基因，引物序列如下：

同义（sense）：5′-CCCGTCCTACGCCGAGAT-3′

反义（anti-sense）：5′-CCGACAAGACCGAACAG-3′

【实验方法】

1. 模板 DNA 的获得

提取小麦基因组 DNA，方法参见第五章。

2. PCR 反应体系的建立

在冰上建立如下 PCR 反应体系：

10 × 扩增缓冲液（无 Mg^{2+}）	2.0 μL
dNTPs（各 10 mmol/L）	0.4 μL
引物 1（10 μmol/L）	1.0 μL
引物 2（10 μmol/L）	1.0 μL
模板 DNA	~0.1 μg
Taq DNA 聚合酶（5 U/μL）	0.2 μL
Mg^{2+}（25 mmol/L）	1.2 μL
ddH$_2$O	x μL（根据总体积适量添加）
总体积	20 μL

同时建立不加模板的阴性对照反应体系，以保证体系的可靠性。

将上述试剂在 PCR 管中仔细混匀，尽量避免产生气泡，置于离心机上离心片刻。

3. PCR 反应条件

在 PCR 仪上设定以下程序：

95℃ 变性 5 min　　　1 个循环

94℃ 变性 1 min

55℃ 退火 30~60 s　}　30 个循环

72℃ 延伸 2 min

72℃ 延伸 10 min　　1 个循环

将样品置于 PCR 仪上进行扩增。

4. 电泳分析

反应完成后，取 5~10 μL PCR 产物（加入 2 μL 6 × 上样缓冲液）进行 1% 琼脂糖凝胶电泳分析。剩余样品置于 –20℃ 冻存，以备进一步分析使用。

5. 结果与分析

经过电泳检测，PCR 结果如图 3-6 所示。

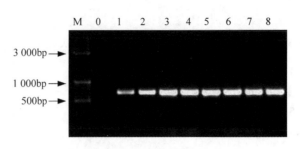

图 3-6 大豆 *GmZFP* 基因扩增图

M—DNA marker；0—阴性对照；1~8—PCR 扩增产物（长度约为 650 bp）

如图 3-6 所示，PCR 产物经电泳检测条带单一稳定，为特异性扩增；条带亮度之间有差异，这是由模板起始量不同或扩增效率差异造成的，应在实验中注意操作手法，以保证扩增的稳定性。

【附注】

引物设计原则

①引物长度　15~30 bp，常用为 20 bp 左右。

②碱基分布　G+C 含量在 40%~60%，上、下游引物之间 G、C 含量差不超过 5%，以保证合适的退火温度；A、T、G、C 随机分布，避免 5 个以上的嘌呤或嘧啶碱基成串排列。

③引物的特异性　引物应与核酸序列数据库的其他序列无明显同源性。

④避免引物内部出现二级结构［形成二聚体（dimer）］，同时避免两条引物间互补［形成交联二聚体（cross dimer）］，产生非特异的扩增条带。

⑤引物 3′端碱基，特别是最末及倒数第二个碱基，应严格要求配对，以避免因末端碱基不配对而导致 PCR 失败。

⑥如有可能，在引物中加上限制性内切酶酶切位点，这样扩增的靶序列将引入适宜的酶切位点，这对后续的克隆十分有帮助。

【注意事项】

1. 防止 PCR 污染。PCR 是一个极其灵敏的反应，建议建立一个专用 PCR 实验室，并定期用酒精擦拭实验台，紫外线照射实验室以保证环境无 DNA 污染。

2. 所使用的溶液无外源核酸和核酸酶污染。配制试剂、建立反应体系所使用的耗材均应灭菌，且应戴一次性手套进行操作。

3. 所有 PCR 试剂中使用的水都应用新鲜超纯水高压灭菌后分装备用。

【思考题】

1. 决定 PCR 反应特异性的关键因素是什么？

2. 阐述 PCR 的基本原理。

实验 8　非变性聚丙烯酰胺凝胶电泳用于 ISSR 标记分析

【实验目的】

1. 理解 ISSR 分子标记的原理。
2. 掌握聚丙烯酰胺凝胶的配置方法。
3. 掌握 ISSR 标记的分析方法。

【基本原理】

ISSR（inter-simple sequence repeat）是基于真核生物基因组中广泛分布的 SSR 位点，并且通过锚定引物的 ISSR-PCR，可以稳定检测基因组 SSR 位点差异的一种新型分子标记技术，该标记由 Zietkeiwitcz 等于 1994 年提出。其操作过程同普通 PCR 一样，只不过在引物设计上有些差别：利用 SSR 序列的 $3'$ 端或 $5'$ 端加上 $2 \sim 4$ 个随机核苷酸为锚定引物，利用上下游引物与特定位点退火，对 SSR 重复序列间隔的序列间 DNA 片段进行 PCR 扩增。获得的 inter SSR 区域多个条带通过聚丙烯酰胺凝胶电泳分离，扩增谱带多为显性表现。ISSR 扩增产物多态性远比 RFLP、SSR、RAPD 丰富，可以提供更多的关于基因组的信息，而且比 RAPD 技术更加稳定可靠，实验重复性更好。

1959 年，Raymond 和 Weintraub 首次将聚丙烯酰胺交联链作为电泳支持物，称为 PAGE（polyacrylamide gel electrophoresis）凝胶电泳。PAGE 凝胶是由丙烯酰胺（$CH_2{=}CHCONH_2$，acrylamide）单体和亚甲基双丙烯酰胺［$CH_2(NHCOHC{=}CH_2)_2$，N, N'-methylenebisacrylamide］按一定比例聚合形成的三维网状结构，这一过程需要有化学物质催化其完成。在由 TEMED（N, N, N', N'-四甲基乙二胺）催化过硫酸铵产生自由基的条件下，丙烯酰胺单体和亚甲基双丙烯酰胺的乙烯基聚合形成聚丙烯酰胺，其孔径大小成正态分布。制备丙烯酰胺所用试剂比例及其所分离的 DNA 的线性范围如表 3-1 所示。

表 3-1　不同浓度聚丙烯酰胺凝胶的制备与 DNA 在凝胶中的分离范围

丙烯酰胺浓度（%）	丙烯酰胺-亚甲基双丙烯酰胺溶液（29:1）(mL)	水（mL）	5×TBE（mL）	10% 过硫酸铵（mL）	DNA 有效分离范围（bp）
3.5	11.6	67.7	20.0	0.7	1 000 ~ 2 000
5.0	16.6	62.7	20.0	0.7	80 ~ 500
8.0	26.6	52.7	20.0	0.7	60 ~ 400
12.0	40.0	39.3	20.0	0.7	40 ~ 200
20.0	66.6	12.7	20.0	0.7	6 ~ 100

PAGE 凝胶电泳基本操作过程可概括为：试剂配制→安装电泳装置→配制凝胶溶液→灌胶→上样与电泳→显色→条带统计。与琼脂糖凝胶电泳相比，PAGE 凝胶电泳主要有三个优点：①分辨率高，可分开长度差异为 1 ~ 10 bp 的 DNA 序列；②DNA 装载量大，即使多达 10μg 的 DNA 仍可加入一个标准样孔中；③PAGE 凝胶 DNA 回收效率较高，可直接用于下游实验。

【实验用品】

1. 仪器和耗材

PCR 仪、垂直板电泳槽和电泳仪、凝胶成像设备、电子天平、小型摇床、微量移液器、磁力搅拌器、pH 计、烧杯、量筒、玻璃棒、吸头、塑料盘、铁皮夹子、50 mL 注射器、一次性 PE 手套。

2. 试剂配制

(1)5 × TBE　配制方法见附录一附表 1。

(2)8% 非变性聚丙烯酰胺工作液(29:1)　称取或量取丙烯酰胺 19.285 g、亚甲基丙烯酰胺 0.665 g、5 × TBE 50 mL，混合这些成分，定容至 250 mL。

(3) 10% 过硫酸铵　称取过硫酸铵 2 g，量取双蒸水 18 mL，混匀待用。

(4)染色液(使用前 30 min 配制)　在 500 mL 双蒸水中加入 0.5 g 硝酸银和 37% 甲醛 1mL，充分溶解后使用。

(5)显影液　500 mL 双蒸水中加入 15 g NaOH、0.2 g 无水碳酸钠；使用前加入 37% 甲醛 1mL。

【实验方法】

1. DNA 提取

提取枣树基因组 DNA，方法参见第 3 章实验 5。

2. ISSR-PCR 扩增

(1) 配制反应体系　按下面所列成分比例配制反应体系。

模板 DNA (20 ng/μL)	1 μL
10 × 扩增缓冲液	2 μL
$MgCl_2$(25 mmol/L)	1.2 μL
dNTPs (2.5 mmol/L)	1.6 μL
引物	2 μL
Taq DNA 聚合酶(2.5 U/μL)	0.5 μL
ddH$_2$O	11.7 μL

注：从 British Columbia 大学公布的 100 条 ISSR 引物中筛选扩增效率较高的引物，表 3-2 为本实验所用引物。

表 3-2　实验中使用的 ISSR 引物

编号	引物(primer)	序列(sequences)	T_m(℃)
1	827	$(AC)_8G$	54
2	834	$(AG)_8YT$	53
3	836	$(AG)_8YA$	53
4	840	$(GA)_8YT$	56
5	856	$(AC)_8YA$	53
6	873	$(GA)_8C$	51
7	880	GGAGAGGAGAGGAGA	53
8	891	HVHTGTGTGTGTGTG	52

(2) ISSR-PCR 反应程序　94 ℃，4 min；94 ℃，30 s；52 ℃，30 s；72 ℃，45 s（30 个循环）；72 ℃，5 min。

3. 制备聚丙烯酰胺凝胶

(1)用强力去污粉或洗涤剂在热水中反复擦洗玻璃，再用酒精擦洗玻璃板 3 次，最后用吸水纸擦干或风干玻璃板。

(2)组装玻璃板(平板在下，凹形耳朵板在上)，中间压入 1 mm 或 1.5 mm 压条，两边用铁皮夹子夹紧，水平放置于一固体平面上。

(3)在通风橱内的烧杯中混合好如下溶液：50 mL 8% 非变性聚丙烯酰胺工作液、25 μL TEMED、350 μL 10% 过硫酸铵，迅速轻轻摇匀。用一次性注射器抽取混匀凝胶，右手轻推注射器，将凝胶注入玻璃凹槽内，左手不断轻敲玻璃板，防止气泡产生。灌完后插入合适厚度梳子，室温平放 1h 以上使凝胶完全聚合(如室温过低，则要延长聚合时间)。

(4)在电泳槽中各加入 1×TBE 缓冲液，将灌制好的胶板用大号铁皮夹子夹住其边缘与电泳槽固定。缓缓拔掉梳子，用注射器吸取 1×TBE 缓冲液，清除点样孔中的气泡及碎胶。

(5)预电泳 0.5h，待凝胶表面均匀发热即可停止，待凝胶冷却后上样。

4. 上样及电泳

每个点样孔内加入 2 μL PCR 产物和 2 μL 上样缓冲液。200 V 恒电压条件下电泳 2 h(如凝胶发热较大，可放置冰盒以防止凝胶过热对 DNA 的影响)。

5. 染色及显影

(1)卸下凝胶，放入塑料盘中，用蒸馏水冲洗 2 次(注意：不要弄破凝胶)。

(2)加入染色液，摇床上缓慢摇动约 30 min。

(3)回收染色液，用蒸馏水冲洗凝胶。

(4)加入显影液，约 5 min 后，出现清晰条带，蒸馏水清洗后，倒掉显影液。

(5)白光灯下照相，进行条带统计。

6. 结果与分析

结果与分析见图 3-7。

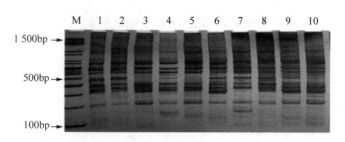

图 3-7 聚丙烯酰胺凝胶电泳检测 ISSR 标记（引物 880）

M—DNA marker（100bp ladder）；1～10—不同枣树品种

（引自侯思宇等，2011）

【注意事项】

1. 玻璃板必须清洁干净，确保无油渍。

2. 配制凝胶时应戴一次性手套。

3. 过硫酸铵放置时间不宜过长，最好现用现配。

4. PAGE 凝胶凝固过程中如发现凝胶皱缩，应及时补充丙烯酰胺-亚甲基双丙烯酰胺溶液。

5. 为防止胶板底部有凝胶漏出，可事先用胶带封闭底部。

【思考题】

1. 如何通过 ISSR 分析阐述物种亲缘关系？

2. 简述 PAGE 凝胶制备过程，并说明制备过程中的技术要点。

实验 9　PCR 扩增产物的克隆技术

【实验目的】

1. 理解 T-A 克隆原理。
2. 掌握 T-A 克隆技术操作过程。

【实验原理】

聚合酶链式反应、基因克隆及 DNA 序列分析这三位一体的实验是整个现代分子生物学实验工作的基础。利用 PCR 技术扩增特异 DNA 以期获得目的基因和特异探针，这一方法已在前面的实验中加以描述。但 PCR 扩增出的片段如不经过进一步克隆是无法变成可利用基因的，因此 PCR 产物克隆技术已成为 DNA 重组技术的重要部分。PCR 产物克隆一般要经过 PCR 产物纯化、产物与载体的酶切、载体脱磷酸及连接、转化、筛选等几个步骤。PCR 产物与载体的连接方式有溶液连接和胶内连接，可黏性末端连接、平末端连接及与 T 载体连接(见图 3-8)。

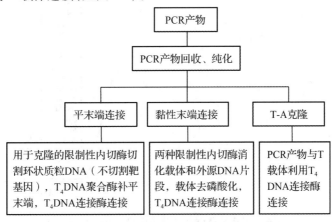

图 3-8　PCR 产物连接策略图

PCR 扩增产物的回收是指在 PCR 反应完成后，将 PCR 产物经过琼脂糖凝胶电泳检测，所获得的目的 DNA 片段从凝胶中再次分离并纯化的技术。目前，多个公司都有成熟的商品化试剂盒，整个操作在半个小时内即可完成。概括起来，凝胶回收步骤可分为四步：第一步，用锋利的刀片小心切下目的条带；第二步，用溶胶液融化凝胶；第三步，离心柱回收 DNA；第四步，纯化回收 DNA，去除盐离子等杂质。回收获得的 DNA 即可用于连接、测序、酶切以及 PCR 反应等，下面将介绍 PCR 产物经回收后的 T-A 克隆技术。

由于 Taq DNA 聚合酶会在 PCR 扩增产物 3′端带有一个 A 碱基，这类 DNA 片段能高效地克隆到 T 载体上,由于 T-A 克隆不需对引物进行特殊酶切位点的修饰且克隆效率高,成为 PCR 产物克隆的最佳方法。T-A 克隆法由 Invitrogen 公司发明,并拥有全球 T-A Cloning 商标专利权。通用 T 载体有商品出售(国内认可度较高的有 Promega 公司的 pGEM-T(easy)和 Takara 公司的 pMD18-T),一些特殊载体的 T 载体可自己制备。T 载体均是通过 EcoR V 或 SmaI 等限制性内切酶将相关载体切割出平末端,然后再在其 3′端加上 T 而构成。这些存在于插入位点的突出的 3′末端可防止载体的自身环化,并为 PCR 产物提供碱基配对区(因 PCR 扩增产物的 3′末端为非特异性的 A 碱基)而有效地提高了 PCR 扩增片断的克隆效率。

本实验利用 pGEM-T(easy)载体学习 T 载体克隆技术(载体图谱如图 3-9)。pGEM-T(easy)载体来自于 pGEM 系统载体,含有 T7 和 SP6 RNA 聚合酶启动子;侧翼为一多克隆位点区,含有 β-半乳糖苷酶 α-肽编码区。该载体系统多克隆位点两侧都存在 EcoR I、BstZ I 和 Not I 限制性内切酶酶切位点,因此可通过这三类酶利用单酶切位点构建重组片断。至于外源 DNA 的转化及重组子的筛选,可以利用酶切、菌落 PCR、抽提质粒等方法检测,其原理分别在第 3 章实验 2、实验 3 中有详细介绍,这里不再累述。

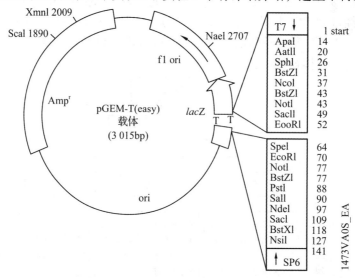

图 3-9 pGEM-T(easy)载体图谱(Promega 公司)

【实验安排】

第一天上午:目的 DNA 片段 PCR 扩增。

第一天下午:制备琼脂糖凝胶(1%),电泳检测,切胶回收目的 DNA 片段。

第二天上午:大肠杆菌制备感受态细胞。

第二天下午:DNA 与 T 载体连接转化大肠杆菌。

第三天上午:观察转化结果(蓝白斑情况),阳性克隆鉴定。

【实验用品】

1. 仪器

高速冷冻离心机、紫外凝胶成像仪、恒温水浴锅、移液器、低温连接仪、制冰机、超低温冰箱、电泳设备。

2. 样品

PCR 扩增产物(见第 3 章实验 7)。

3. 试剂

琼脂糖凝胶回收试剂盒(QIAquick PCR Purification Kit,QIAGEN)、pGEM-T(easy)载体系统(Promega)、LB 培养基(含有氨苄青霉素/IPTG/X-gal)、感受态细胞(制备方法见第 3 章实验 1)。

【实验方法】

1. PCR 产物的回收

(1)将 PCR 产物进行 1% 琼脂糖凝胶电泳(参见第 3 章实验 4)。

(2)在紫外灯下用干净锋利的刀片切去含有目的条带的琼脂糖凝胶,转移至新的 1.5 mL 离心管中,并称取管中凝胶质量。

(3)加入约凝胶 3 倍体积(100 mg = 100 μL)的溶胶液至离心管中,置于 55 ~ 60℃恒温水浴锅中温浴直至凝胶完全熔化(期间不断轻轻摇动离心管)。

(4)待凝胶溶液冷却至室温后,将混合液加到套在 2 mL 离心管的回收柱上,室温下以 10 000r/min 速度离心 1 min。

(5)倒去滤液,将柱子重新装回离心管,加入 700 μL 漂洗液(用前加入无水乙醇稀释),以 10 000r/min 速度离心 1 min,弃去滤液;重复此步骤一次。

(6)将柱子重新装回离心管,以 10 000 r/min 速度离心空柱 2 min 以甩干基质。

(7)将柱子装到一干净的 1.5 mL 离心管中,悬空加入 30 ~ 50 μL 预热到 65℃的洗脱液(注意不可捅破柱子内硅基质膜),室温下静置 2 min,以 13 000r/min 速度离心 2 min 洗脱 DNA。

(9)将回收样品进行 1% 琼脂糖凝胶电泳检测(结果如图 3-10 所示),核酸微量定量仪检测回收 DNA 的浓度。

(10)实验结果分析 从图 3-10 可看出,回收后的 DNA 条带与之前的大小一致,说明本实验能够回收 PCR 产物。但回收后的 DNA 条带明显比回收前暗,说明在回收过程中存在一定损失,但总体来说回收效率在能够接受的范围内。

2. T-A 克隆

(1)在微量离心管中按下列组分比例配制连接混合液。

pGEM-T(easy)载体   1 μL

插入 DNA   0.1 ~ 0.3 pmol

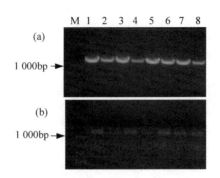

图 3-10 （a）PCR 产物琼脂糖凝胶电泳图；（b）琼脂糖凝胶回收 DNA 电泳图

10×连接缓冲液	1 μL
T₄ DNA 连接酶	3 U
H₂O 补足至	10 μL

注：设立阴性对照管，加入除插入 DNA（可用 ddH₂O 代替）之外的所有组分。

（2）上述混合液于 14～16℃条件下温浴 4～6 h（2 kb 以上长片段 PCR 产物进行克隆时，连接反应时间可延长至 8～10 h）。

（3）将上述连接液（包括目的片段连接液和阴性对照）各取 5 μL 转化具有抗生素抗性的大肠杆菌感受态细胞（参见第 3 章实验 2）。将转化的菌液涂布在含有抗生素和 IPTG/X-gal 的培养基平皿上，倒置培养 12 h。

（4）数出实验组和对照组在平皿上的菌落数。挑取生长饱满，边缘光滑的白色大肠杆菌单菌落，进行插入片段鉴定。

3. 插入片段的鉴定

（1）抽提质粒（方法参照第 3 章实验 3），根据电泳片段大小判断是否有插入片段（选择合适的 DNA marker）。如空载 T 载体为 3 kb，重组质粒大小为载体大小加插入片段大小，根据迁移率进行判断。

（2）利用质粒多克隆位点内插入外源 DNA 片段侧翼的酶切位点，进行酶切鉴定，方法参见参照第 3 章实验 3。电泳检测结果显示为两条带，其中一条大小与插入片段一致，则可断定 DNA 已插入质粒载体。

（3）菌落 PCR 鉴定。挑取白色单菌落，溶于 10 μL 灭菌水中，混合均匀，取 1 μL 作为 PCR 反应模板。按下面所列组分比例配制反应体系。

10×PCR 扩增缓冲液	2 μL
dNTPs（各 2.5mmol）	1.6 μL
菌落模板	1 μL
M13+	1 μL
M13-	1 μL
补足 H₂O 至	20 μL

经琼脂糖凝胶电泳检测，若扩增片段长度与插入片段一致，则可判断 DNA 已插入载体，形成重组质粒。

【注意事项】

1. 用于回收的琼脂糖凝胶最好为新鲜配制的 TAE 缓冲液（一般不推荐使用 TBE 缓冲液）。

2. 紫外线对人体有伤害，切胶回收操作时应佩戴手套及护目镜。

3. DNA 回收时应尽量减少在紫外线下照射的时间，以免造成 DNA 损伤。

4. 切胶回收时在保证条带充分切出的前提下，凝胶尽量少切，以免带出杂带。

【思考题】

1. 如何进行重组质粒的鉴定？

2. PCR 产物克隆策略有哪些？

第4章 微生物学

实验1 显微镜的使用和细菌形态观察

【实验目的】

1. 复习普通光学显微镜的结构、功能和使用方法。
2. 学习并掌握油镜的原理和使用方法。
3. 认识细菌的几种常见形态。

【实验原理】

普通光学显微镜由机械装置和光学系统两大部分组成。镜座、镜臂、载物台、转换器、粗调和微调螺旋等组成机械装置；光学系统由接目镜、接物镜、聚光器等组成。在显微镜的光学系统中，物镜的性能直接影响显微镜的分辨率。普通光学显微镜通常配置的几种物镜中，油镜的放大倍数最大，使用也比较特殊，需在载玻片与镜头之间滴加香柏油，但对微生物学研究也最为重要。滴加香柏油后，可以增加视野的照明亮度和显微镜的分辨率，其原因如下。

1. 增加视野的照明亮度

油镜的放大倍数可达 100 倍，放大倍数这样大的镜头，焦距很短，直径很小，但所需要的光照强度却最大(图 4-1)。从承载标本的玻片透过来的光线，因介质密度不同(从玻片进入空气，再进入镜头)，有些光线会因折射或全反射，不能进入镜头，致使在使用油镜时会因射入的光线较少，物像显现不清。所以为了不使通过的光线有所损失，在使用油镜时需在油镜与玻片之间加入与玻璃的折射率($n = 1.55$)相仿的油类如香柏油($n = 1.52$)，使光线几乎不发生折射，从而增加视野的照明亮度(图 4-2)。

2. 增加显微镜的分辨率

显微镜的分辨率或分辨力是指显微镜能辨别两点之间的最小距离的能力。它与物镜的数值孔径成正比，与入射光波长成反比。分辨力由下面公式表示

$$分辨力(最大可分辨距离) = \frac{\lambda}{2NA}$$

式中：λ——入射光波长；

NA——物镜的数值孔径值。

光学显微镜的光源不可能超出可见光的波长范围($0.4 \sim 0.7\,\mu m$)，而数值孔径值则取决于物镜的镜口角和玻片与镜头间介质的折射率，可表示为 $NA = n\sin\alpha$。式中 α 为

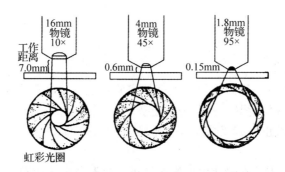

图 4-1　物镜的焦距、工作距离和虹彩光圈的关系

（引自沈萍等，2004）

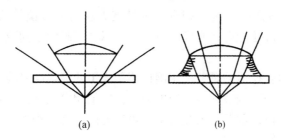

图 4-2　干燥系物镜（a）与油浸系物镜（b）的光线通路

（引自刘慧，2006）

光线最大入射角的半数，它取决于物镜的直径和焦距。一般来说在实际应用中光线最大入射角只能达到 120°，其半数的正弦为 sin60° = 0.87；n 为介质的折射率。

由于香柏油的折射率（$n = 1.52$）比空气及水的折射率（分别为 1.0 和 1.33）要高，因此以香柏油作为镜头与玻片之间介质的油镜所能达到的数值孔径值（NA 一般在 1.2 ~ 1.4 之间）要高于低倍镜、高倍镜等干镜（NA 都低于 1.0）。在入射光波长不变的情况下，数值孔径越大的镜头分辨力越高。

【实验用品】

1. 菌种

金黄色葡萄球菌（*Staphylococcus aureus*）、枯草芽孢杆菌（*Bacillus subtilis*）和细菌三型染色玻片标本。

2. 溶液或试剂

香柏油、二甲苯或乙醚-乙醇混合液（乙醚 70%，无水乙醇 30%）。

3. 仪器或其他用具

显微镜、擦镜纸、吸水纸等。

【实验方法】

1. 观察前的准备

（1）显微镜的安置　显微镜置于平整的实验台上，镜座距实验台边缘约 10cm 。取放显微镜时应一手握住镜臂，一手托住底座，使显微镜保持直立、平稳，切忌用单手拎提。镜检时姿势要端正，应双眼同时睁开观察，以减少眼睛疲劳，也便于边观察边绘图或记录。

（2）光源调节　安装在镜座内的光源灯可通过调节电压以获得适当的照明亮度，而使用反光镜采集自然光或灯光作为照明光源时，应根据光源的强度及所用物镜的放大倍数选用凹面或凸面反光镜并调节其角度，使视野内的光线均匀，亮度适宜。

（3）调节双筒显微镜的目镜　根据个人情况，双筒显微镜的目镜间距可以适当调节，而且左目镜上一般还配有曲光度调节环，可以适应眼距不同或两眼视力有差异的不同观察者。

（4）聚光器数值孔径值的调节　正确使用聚光镜才能提高镜检效果。聚光器虹彩光圈值有一定的可变范围，调节它与物镜的数值孔径值相符或略低。有些显微镜的聚光镜只标有最大数值孔径值，调节它聚光镜下面可变光阑的开放程度，可以得到不同的数值孔径，以适应不同物镜的需要。

2. 显微观察

一般情况下，特别是初学者，进行显微观察时应遵守从低倍镜到高倍镜再到油镜的观察程序，因为低倍物镜视野相对大，易发现目标及确定检查的位置。

（1）低倍镜观察　将标本玻片置于载物台上，用标本夹夹住，移动推进器，使观察对象处在物镜的正下方。用粗调螺旋使镜筒和标本接近，然后再使用粗调螺旋上升镜筒或下降载物台，使标本在视野中初步聚焦，再使用细调螺旋调节图像清晰。慢慢移动标本玻片，找到合适的目的物，仔细观察并记录所观察到的结果。

（2）高倍镜观察　低倍镜下找到合适的观察目标并将其移至视野中心后，轻轻转动物镜转换器将高倍镜移至工作位置。对聚光器光圈及视野亮度进行适当调节后微调细调螺旋使物像清晰，利用推进器移动标本仔细观察并记录所观察到的结果。

（3）油镜观察　高倍镜或低倍镜下找到要观察的样品区域后，用粗调螺旋将镜筒远离载物台，然后将油镜转到工作位置。在待观察的样品区域滴加香柏油，从侧面注视，用粗调节器小心将油镜头浸入油滴中，使其几乎与标本相接。将聚光器升至最高位置并开足光圈。调节照明使视野亮度合适，用粗调螺旋将镜筒徐徐上升或缓慢下降载物台，直至视野中出现物像，再用细调螺旋调至物像清晰。如油镜已离开油面还未找到物像，再将镜头浸入油中，重复上述操作至物像清晰为止。

3. 显微镜用后处理

观察完毕，抬起镜头，取下载玻片。用擦镜纸拭去镜头上的油，然后用擦镜纸蘸少许二甲苯(香柏油溶于二甲苯)或乙醚-乙醇混合液，擦去镜头上残留的油迹，最后再用干净的擦镜纸擦去残留的二甲苯或乙醚-乙醇混合液。用擦镜纸清洁其他物镜及目镜；

用绸布清洁显微镜的金属部件。将各部分还原，反光镜垂直于镜座，将物镜转成"八"字形，再向下旋。同时把聚光镜降下，以免接物镜与聚光镜发生碰撞危险。套上镜套，放回柜内或镜箱内。

【作业】

分别绘出使用油镜观察到的金黄色葡萄球菌、枯草芽孢杆菌和螺旋菌的形态。注意观察不同细菌的个体形态、大小和排列方式。有芽孢的细菌，注意观察菌体两端情况及芽孢的着生位置。

【思考题】

1. 为什么使用油镜观察细菌？应注意哪些问题？

2. 试列表比较低倍镜、高倍镜及油镜各方面的差异。为什么在使用高倍镜及油镜时应特别注意避免粗调螺旋的误操作？

3. 普通光学显微镜常用的物镜和目镜的放大倍数是多少？放大倍数越高分辨力越高吗？为什么？

实验 2　细菌的革兰氏染色法

【实验目的】
1. 了解革兰氏染色法原理及其在细菌分类鉴定中的重要性。
2. 学习并掌握革兰氏染色技术。
3. 复习并熟练油镜的使用技术。

【实验原理】
革兰氏染色反应是细菌分类和鉴定的重要性状。它是由丹麦医师 Gram 于 1884 年创立的。革兰氏染色法不仅能观察到细菌的形态还可将所有细菌区分为两大类：染色反应呈蓝紫色的称为革兰氏阳性细菌，用 G^+ 表示；染色反应呈红色(复染颜色)的称为革兰氏阴性细菌，用 G^- 表示。

细菌对于革兰氏染色的不同反应，是由于它们细胞壁的成分和结构不同而造成的。细菌用结晶紫初染后，所有细菌都被染成初染液的蓝紫色；碘作为媒染剂，能与结晶紫形成结晶紫-碘的复合物，增强了染料与细菌的结合力。革兰氏染色的关键在于脱色，当用乙醇(或丙酮)处理时，革兰氏阳性细菌的细胞壁主要是由肽聚糖形成的网状结构组成的，在乙醇(或丙酮)脱色时脱水引起网状结构的孔径变小，通透性降低，使结晶紫-碘复合物被保留在细胞内而不易脱色，因此呈现蓝紫色；革兰氏阴性细菌的细胞壁中肽聚糖含量低，而脂类物质含量高，当用乙醇(或丙酮)处理时，脂类物质溶解，细胞壁的通透性增加，使结晶紫-碘复合物易被乙醇抽出而脱色，随后的复染被染上了复染液(番红)的颜色，因此呈现红色。

【实验用品】
1. 菌种
枯草芽孢杆菌(*Bacillus subtilis*)18 ~ 20h 营养琼脂斜面培养物或金黄色葡萄球菌(*Staphylococcus aureus*)约 24h 营养琼脂斜面培养物和大肠埃希氏菌(*Escherichia coli*)约 24h 营养琼脂斜面培养物。

2. 溶液或试剂
蒸馏水、草酸铵结晶紫染色液、卢戈氏碘液、95% 的乙醇、番红或复红复染液、香柏油、二甲苯或乙醚-乙醇混合液(乙醚 70% ，无水乙醇 30%)。

3. 仪器或其他用具
显微镜、接种环、镊子、载玻片、酒精灯、火柴、废液缸、擦镜纸、吸水纸等。

【实验方法】

实验流程为：涂片→干燥→固定→初染（结晶紫染液）1min→水洗→媒染（碘液）1min→水洗→脱色（95％乙醇）→水洗→复染（番红或复红染液）2min→水洗→干燥→镜检。

1. 涂片

取两块载玻片，分别在中央滴 1～2 滴蒸馏水，用接种环分别挑取少许枯草芽孢杆菌和大肠埃希氏菌，涂于不同载玻片的水滴中，混匀并涂成薄膜，涂片要均匀，不宜过厚。

2. 干燥

室温下自然干燥。

3. 固定

涂面朝上，通过火焰 2～3 次。加热使细胞质凝固，以固定细胞形态，并使菌体细胞牢固附着在载玻片上。

4. 初染

在涂片区域滴加适量结晶紫（以刚好覆盖菌膜为宜）染色 1min，细水冲洗至载玻片下方洗出液无色为止。

5. 媒染

用碘液覆盖涂片区域 1min，水洗。

6. 脱色

用吸水纸吸去玻片上的残水，滴加 95％ 的乙醇于涂片上，轻轻振荡玻片，直至脱色的乙醇刚好不出现紫色为止，一般 30s 左右，然后立即水洗，终止脱色。

7. 复染

番红复染 2min，水洗。

8. 干燥后镜检

自然干燥后，使用油镜检查染色结果。G$^+$为蓝紫色；G$^-$为红色。

9. 混合涂片染色

按上述方法，在同一载玻片上，将枯草芽孢杆菌和大肠埃希氏菌做混合涂片，染色，镜检进行比较。

【作业】

简述各菌株的染色结果，并分别绘图示其形态特征。

【思考题】

1. 如何鉴定一株未知菌的革兰氏染色反应，如何应用对照菌株证明染色的正确性？
2. 为什么要求所制切片完全干燥后才能用油镜观察？

3. 革兰氏染色最关键的环节是什么？

附　溶液试剂配制方法

1. 结晶紫染色液

组分：结晶紫 1.0g、95% 乙醇 20.0mL、1% 草酸铵水溶液 80.0mL。

制法：将结晶紫完全溶解于乙醇中，然后与草酸铵溶液混合。

2. 革兰氏碘液（Lugol）

组分：碘 1.0g、碘化钾 2.0g、蒸馏水 300.0 mL。

制法：先将碘化钾溶于 5mL 蒸馏水中，再将碘片溶解于碘化钾溶液中，全溶解后，补足水分。贮存于棕色瓶内，若变为浅黄色则不可用。

3. 沙黄复染液

组分：沙黄 0.25g、95% 乙醇 10.0mL、蒸馏水 90.0 mL。

制法：将沙黄溶解于乙醇中，然后用蒸馏水稀释。

实验 3   培养基的制备与灭菌

【实验目的】
1. 明确培养基的配制原理。
2. 通过配制几种常用的培养基，掌握配制培养基的一般方法和步骤。
3. 掌握各种实验室灭菌方法及技术。

【实验原理】

培养基是人工配制的适合微生物生长繁殖或积累代谢产物的营养基质。由于微生物具有不同的营养类型，对营养物质的要求也各不相同，加之实验和研究的目的不同，因此培养基的种类很多，使用的原料也各有差异。但从营养角度分析，培养基中一般含有微生物所必需的碳源、氮源、能源、无机盐、生长因子以及水分等。另外，培养基还应具有适宜的 pH 值、一定的缓冲能力、一定的氧化还原电位及合适的渗透压。虽然培养基的原料和种类很多，但一般培养基的配制程序却大致相同，如器皿的准备、培养基的配制与分装、加塞和包扎、灭菌、斜面与平板的制作、培养基的无菌检查等基本环节大致相同。

琼脂是从石花菜等海藻中提取的胶体物质，是应用最广的凝固剂。琼脂在常用浓度下在 96℃下融化，于 45℃以下凝固。但多次反复融化，其凝固性降低。固体培养基是在液体培养基中加入 1.5%～2.0% 的琼脂作为凝固剂。任何一种培养基一经制成就应及时彻底灭菌，以备纯培养用。一般培养基的灭菌采用高压蒸汽灭菌。

【实验用品】

1. 溶液或试剂

蛋白胨、牛肉膏、NaCl、琼脂、蒸馏水、马铃薯、蔗糖、1mol/L NaOH 溶液。

2. 仪器或其他用具

天平、称量纸、药匙、精密 pH 试纸、量筒、刻度搪瓷杯、试管、三角瓶、漏斗、铁架台、夹子、移液管及移液管筒、培养皿及培养皿盒、玻璃棒、烧杯、试管架、铁丝筐、剪刀、酒精灯、棉花、线绳、牛皮纸或报纸、橡皮圈、纱布、乳胶管、电炉、灭菌锅、干燥箱。

【实验方法】

1. 称量药品→溶解→调节 pH

（1）营养琼脂培养基　组分：蛋白胨 10g、牛肉膏 3g、NaCl 5g、琼脂 15～17g、蒸馏水 1 000mL, pH = 7.4 。

制法：将琼脂以外的各成分溶解于水，用 1mol/L NaOH 溶液调整 pH = 7.4。

(2)马铃薯蔗糖琼脂培养基(简称 PDA)　组分：马铃薯 200g、蔗糖 20g、琼脂 15 ~ 20g、蒸馏水 1 000mL, pH 自然。

制法：将马铃薯去皮切块，称取 200g 加入 1 000mL 蒸馏水中，煮沸 10 ~ 20min，用双层纱布过滤，取滤液补足蒸馏水至 1 000mL。加入 20g 糖搅拌溶解。

2. 分装

按实验要求将做好的培养基分装到试管或三角瓶内。分装时注意不要使培养基沾染在管口或瓶口，以免浸湿棉塞，引起污染。

(1)液体分装　液体分装高度以试管高度的 1/4 左右为宜。分装三角瓶一般以不超过三角瓶容量的一半为宜，如需振荡培养，则根据通气量要求酌情减少。

(2)固体分装　分装三角瓶的量一般不超过三角瓶容积的 2/3 为宜，先将液体加入三角瓶中，在根据液体培养基的量加入相应量的琼脂即可，不需加热融化琼脂，之后灭菌加热琼脂会融化。分装试管做斜面，则需要在液体培养基中加入琼脂并加热使之融化，趁热分装到试管中(图 4-3)，加入量不超过管高的 1/5，灭菌后制成斜面。

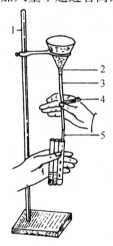

图 4-3　漏斗分装装置(引自沈萍等，2004)

1. 铁架台　2. 漏斗　3. 胶皮管　4. 夹子　5. 尖嘴玻璃管

(3)包扎　培养基分装后试管加试管塞，然后将试管用橡皮圈捆好，再包上一层牛皮纸，防止灭菌时冷凝水浸润棉塞，然后用棉绳系好。用记号笔标明培养基名称、制备组别和姓名、日期等。三角瓶加塞后，外包牛皮纸，用线绳以活结形式扎好，同样标记培养基名称、组别、配制日期。

3. 灭菌

上述培养基在 0.103MPa、121℃ 条件下高压蒸汽灭菌 20min。

4. 摆斜面

将灭菌后的固体试管培养基冷却至 50℃ 左右，将试管口端放在玻璃棒上冷却(图 4-4)，斜面长度以不超过试管总长的一半为宜。

图4-4　摆斜面（引自沈萍等，2004）

5. 无菌检查

将灭菌后的营养琼脂培养基放入37℃、PDA放入30℃的培养箱中培养24～48h，检查灭菌是否彻底。

6. 灭菌前的准备

（1）培养皿的包装　将洗净干燥后的培养皿10套放入不锈钢培养皿筒内或用报纸包好，等待灭菌。

（2）移液管包装　将长度1cm左右的棉花塞入移液管上端，用裁成5cm左右宽的报纸条按图4-5包好。培养皿和移液管一般采用干热灭菌的方法。

（3）棉塞制作　根据试管和三角瓶口的大小取适量棉花（最好选择纤维长的新棉花）按图4-6制作合适大小的棉塞，棉塞不宜过松或过紧，过松达不到滤菌的目的，过紧阻碍空气流通，而且不好操作。

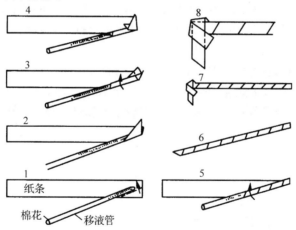

图4-5　单支移液管包装示意图（引自刘慧，2006）

7. 实验室常用的灭菌方法

实验室采用的灭菌方法有很多，其中加热灭菌是较常用的方法。加热灭菌包括湿热和干热灭菌两种。通过加热使菌体内蛋白质凝固变性，从而达到杀菌目的。蛋白质的凝固变性与其自身含水量有关，含水量越高，其凝固所需要的温度越低。在同一温度下，湿热的杀菌效力比干热大，因为在湿热情况下，菌体吸收水分，使蛋白质易于凝固；同时湿热水蒸气的穿透力强，可增加灭菌效力。

（1）高压蒸汽灭菌　高压蒸汽灭菌用途广，效率高，是微生物学实验中最常用的灭菌方法。这种灭菌方法是基于水的沸点随着蒸汽压力的升高而升高的原理设计的。当蒸

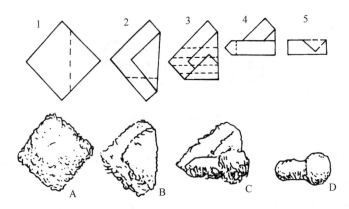

图 4-6 棉塞制法(引自沈萍等，2004)

汽压力达到 0.103MPa 时，水蒸气的温度升高到121℃，经15～30min，可全部杀死锅内物品上的各种微生物和它们的孢子或芽孢。操作过程主要是取出内层锅，向外层锅加入适量水，注意水要加够，防止灭菌过程中干锅炸裂；放入内层锅，放入带灭菌的物品，采用对角式均匀拧紧锅盖上的螺旋，使蒸汽锅密闭，勿使漏气；接通电源加热，待水煮沸后，水蒸气和空气一起从排气孔排出，当有大量蒸汽排出时，维持5min，使锅内冷空气完全排净；关闭排气阀，压力开始上升，当压力上升至所需压力时，控制电压以维持恒温，并开始计算灭菌时间，待条件达到要求(121℃，20min)后，停止加热，待压力降至接近"0"时，打开放气阀。注意不能过早地过急排气，否则会由于瓶内压力下降的速度比锅内慢而造成瓶内液体冲出容器之外。

(2)干热灭菌 通过使用干热空气杀灭微生物的方法叫干热灭菌。一般是把待灭菌的物品包装就绪后，放入电烘箱中烘烤，即加热至160～170℃维持1～2h。干热灭菌法常用于空玻璃器皿、金属器具的灭菌。凡带有胶皮的物品，液体及固体培养基等都不能用此法灭菌。

【作业】

1. 检查培养基灭菌是否彻底。
2. 高压蒸汽灭菌的注意事项有哪些？

【思考题】

1. 在制备培养基时要注意些什么问题？为什么？
2. 培养基制备完成后为什么立即进行灭菌处理？
3. 灭菌在微生物学实验操作中有何重要意义？

实验 4　微生物的分离与纯化

【实验目的】
1. 学习掌握倒平板的方法。
2. 掌握几种分离、纯化微生物的无菌操作技术。
3. 了解微生物分离、纯化的原理。

【实验原理】
　　自然条件下的微生物往往是不同种类微生物的混合体。为了研究某种微生物的特性或者要大量培养和使用某种微生物，必须从这些混杂的微生物群落中获得只含有这一种微生物的纯培养，这种获得纯培养的方法称为微生物的分离与纯化。

　　在自然界中，土壤是微生物生活的良好环境，其中生活的微生物数量和种类都是极其丰富多样的，因此，土壤是我们开发利用微生物资源的重要基地，可以从其中分离、纯化到许多有用的菌株。分离微生物常用的方法有稀释平板分离法和划线分离法，根据不同的材料，可以采用不同的方法，一般是根据该微生物对营养、酸碱度、氧等条件要求的不同，而供给它适宜的培养条件；或加入某种抑制剂造成只利于此菌生长，而抑制其他菌生长的环境，从而淘汰其他一些不需要的微生物，其最终目的是要在培养基上出现欲分离微生物的单个菌落，必要时再对单菌落进一步分离、纯化。在用稀释平板法分离微生物时，还可以同时测定待分离的微生物数量。

　　本次实验主要分离细菌和真菌。细菌喜中性或微碱性环境，且生长较快。酵母菌和霉菌喜酸性环境，分离时控制好培养基和 pH 值，即可抑制细菌生长，有时会在培养基中加入链霉素抑制细菌生长。

【实验用品】
1. 菌源
　　选定采土地点，铲去 2～5cm 表层土，取深 5～10cm 处的土样，放入灭菌的牛皮纸袋内备用，土样采集后应及时分离，否则需暂存于 4℃环境中。
2. 培养基、溶液或试剂
　　营养琼脂培养基、马铃薯蔗糖琼脂培养基(PDA)、无菌生理盐水(盛有 9mL 无菌水的试管，盛有 90mL 无菌水并带有玻璃珠的三角瓶)。
3. 仪器或其他用具
　　无菌玻璃涂棒、无菌吸管、接种环、无菌培养皿。

【实验方法】

1. 制备土壤稀释液

准确称取土样10g，放入装有玻璃珠和90mL无菌水的三角瓶中，摇床振荡20min，使微生物细胞分散，静置20~30s，即成10^{-1}稀释液；再用1mL无菌吸管，吸取10^{-1}稀释液1mL，移入装有9mL无菌水的试管中，振荡20s，使菌液混合均匀，即成10^{-2}稀释液；再换一支无菌吸管，吸取10^{-2}稀释液1mL，移入装有9mL无菌水的试管中，振荡20s，即成10^{-3}稀释液；依此类推，连续稀释，制成10^{-4}、10^{-5}、10^{-6}等一系列样品稀释液(图4-7)。

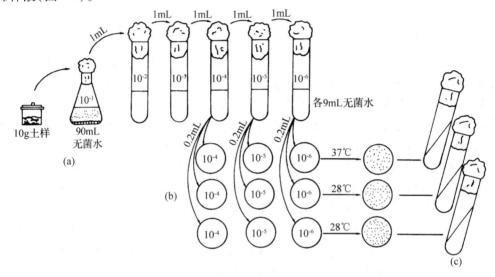

图4-7 稀释平板分离法示意图(引自沈萍等，2004)

2. 稀释平板分离

稀释平板分离法分为稀释涂布平板法和稀释倾注(混合)平板法。

(1)稀释涂布平板法

将PDA、营养琼脂培养基熔化，待冷至55~60℃时，分别倒平板，其方法是右手持盛有培养基的三角瓶，置火焰旁，左手拿平皿并松动试管塞或瓶塞，用手掌边缘和小指、无名指夹住拔出，试管(瓶)口在火焰上灭菌，然后左手将培养皿盖在火焰附近打开一缝，迅速倒入培养基约15mL，加盖后轻轻摇动培养皿，使培养基均匀分布，平置于桌面上，待凝后即成平板(图4-8)。将培养基平板编号，然后用移液管吸取10^{-4}、10^{-5}、10^{-6}等一系列稀释菌液各0.1mL，对号接种在相应稀释度编号的营养琼脂平板上，PDA平板所接种菌液的稀释度为10^{-2}~10^{-4}，再用无菌涂布棒将菌液在平板上涂布均匀(图4-9)，每个稀释度用一个灭菌涂布棒；更换稀释度时需将涂布棒灼烧灭菌。将涂布好的平板平放于桌上20~30min，使菌液渗透入培养基内，然后将平板倒置。营养琼脂培养基于37℃恒温培养，2天后观察；PDA于30℃恒温培养，3~5天后观察。

图 4-8　倒平板(引自沈萍等，2004)

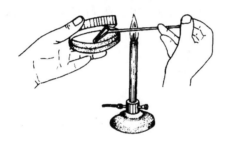

图 4-9　平板涂布操作图(引自刘慧，2006)

（2）稀释倾注平板法

用无菌吸管吸取与稀释涂布平板法中相同的稀释度菌液加入到相应编号的无菌培养皿中，将熔化冷却至 45～50℃ 的营养琼脂培养基和 PDA 倒入相应的平皿中，置水平位置迅速轻轻地旋转平皿，使菌液与培养基充分混匀，然后放于水平桌面上冷却。冷却后的培养皿倒置按稀释涂布平板法的方法培养。

3. 平板划线分离法

将稀释平板分离法得到的单菌落再次划线分离（图 4-10 和图 4-11），以进一步分离纯化直至得到纯培养。

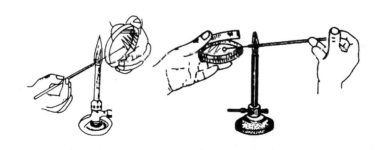

图 4-10　平板划线操作图(引自刘慧，2006)

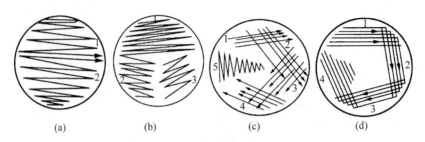

(a)　　　　　(b)　　　　　(c)　　　　　(d)

图 4-11　平板划线方式示意图(引自刘慧，2006)

【作业】

1. 采用的稀释平板分离法是否能较好的得到单菌落？如果不是，分析原因。
2. 观察平板上的菌落形态。
3. 试着计算每克土样中的细菌数量。

【思考题】

1. 设计一个实验方案，从污染的酸奶中分离嗜热链球菌。
2. 如何确定平板上的菌落是否为纯培养？

实验 5　酵母菌和霉菌的形态观察

【实验目的】

1. 观察酵母菌和霉菌的菌落形态特征。
2. 观察酵母菌的细胞形态及出芽生殖方式。
3. 学习并掌握观察霉菌形态的基本方法。
4. 了解几类常见霉菌的基本形态和特化形态特征。

【实验原理】

酵母菌是不运动的单细胞真核微生物，菌体比细菌大。无性繁殖主要是出芽生殖，仅裂殖酵母属是以分裂方式繁殖；有性繁殖是通过接合产生子囊孢子。

美蓝是一种无毒染料，氧化态为蓝色，还原态为无色。用美蓝对酵母细胞进行染色，由于活细胞内有新陈代谢作用，能把美蓝还原为无色，所以活细胞为无色；死细胞或新陈代谢衰弱的细胞还原力较差，则被染为蓝色或淡蓝色。

霉菌可产生复杂的菌丝体，菌丝较粗大，分为基内菌丝和气生菌丝，气生菌丝生长到一定时期又可以产生孢子。有些霉菌在生长繁殖过程中，菌丝会产生特化形态，这些形态特征是识别不同种类霉菌的重要依据。

【实验器材】

1. 菌种

酿酒酵母(*Saccharomyces cerevisiae*) 28℃ 培养 2～3 天的 PDA 平板培养物(划线接种)、根霉(*Rhizopus* sp.)、青霉(*Penicillium* sp.)、黑曲霉(*Aspergillus* sp.) 28℃ 培养 2～5 天的 PDA 平板培养物(点植接种)。

2. 溶液或试剂

0.05% 和 0.1% 美蓝染液、乳酸石炭酸棉蓝染色液、50% 乙醇。

3. 仪器或其他用具

解剖针、镊子、载玻片、盖玻片、吸管、酒精灯、火柴等。

【实验方法】

1. 美蓝浸片观察酵母菌

(1)在载玻片中央滴加一滴 0.1% 美蓝染液，无菌操作条件下用接种环挑取少量酵母菌苔涂于染液中，混合混匀。

(2)盖上盖玻片，不要产生气泡。放置 3min 后用低倍镜和高倍镜镜检，观察酵母菌的细胞形态和出芽情况，并试着区分死、活细胞。

（3）染色约 30min 后，再次观察，注意死细胞的数量变化。

（4）用 0.05% 的美蓝染液重复上述操作。

2. 棉蓝浸片观察霉菌

在载玻片中央滴加一滴棉蓝染液，从霉菌菌落边缘用解剖针挑取少量产生孢子的霉菌菌丝，先于 50% 酒精中浸一下洗去脱落的孢子，然后放在载玻片上的棉蓝染液中，用解剖针小心的将菌丝分散开，盖上盖玻片，不要产生气泡。用低倍镜（必要时用高倍镜）镜检。

根霉：观察孢囊、假根、孢囊梗、匍匐枝等。

曲霉：观察分生孢子梗、顶囊、小梗、足细胞等。

青霉：观察帚状枝的分生孢子梗、副枝、小梗等。

【作业】

1. 绘出酵母菌的单细胞形态。

2. 绘出几种霉菌的特化形态。

【思考题】

1. 你认为在显微镜下细菌、放线菌、酵母菌、霉菌有什么区别？

2. 能否使用油镜观察酵母菌和霉菌？

附　溶液试剂

1. 乳酸石炭酸棉蓝染色液

成分：苯酚 10g、乳酸（相对密度为 1.21）10mL、甘油 20mL、棉蓝（苯胺蓝）0.2g、蒸馏水 10mL。

制法：将苯酚加入蒸馏水中，加热溶解，加入乳酸和甘油，最后加棉蓝，溶解即成。

2. 吕氏碱性美蓝染液

A 液：美蓝 0.3g，95% 乙醇 30mL。

B 液：KOH 0.01g，蒸馏水 100mL。

制法：分别配制 A 液和 B 液，配好后混匀即可。

实验6　营养元素对微生物生长的影响

【实验目的】

了解营养元素对微生物生长的影响。

【实验原理】

微生物的生长发育需要一定的营养，这些营养元素大致分为碳源、氮源、能源、无机盐、生长因子和水等几大类，不同种类的营养素对微生物生长发育的影响也会不同，本实验是通过几种含有不同成分的合成培养基，测试碳、磷、氮、锌和钾等元素对微生物生长有哪些影响。

【实验用品】

1. 菌种

黑曲霉(*Aspergillus niger*)PDA 斜面菌种。

2. 溶液或试剂

0.85%生理盐水(5mL/管)、完全培养基、缺 C、缺 N、缺 P、缺 K、缺 Zn 的培养基(见表 4-1)。

3. 仪器或其他用具

接种环、酒精灯、火柴、无菌移液管、恒温培养箱等。

【实验方法】

1. 制备培养基

学生分组配制培养基，培养基配方见表 4-1。培养基配好后，分装试管，每管装培养基等 5mL，121℃下灭菌 30min 后备用。

表 4-1　营养实验培养基(用于营养元素对微生物生长影响实验)

	完全	缺 C	缺 N	缺 P	缺 K	缺 Zn
蔗糖(g)	50	—	50	50	50	50
硝酸铵(g)	3	3	—	3	3	3
磷酸二氢钾(g)	2	2	2	—	磷酸二氢钠2	2
硫酸镁(g)	0.5	0.5	0.5	0.5	0.5	0.5
硫酸亚铁(g)	0.1	0.1	0.1	0.1	0.1	0.1
1%硫酸锌(mL)	5	5	5	5	5	—
氯化钠(g)	—	5	2	氯化钾1	—	—

2. 制备孢子悬液

用接种环从黑曲霉菌种斜面挑取菌体孢子 2~3 环，放入 1 支无菌生理盐水试管中，充分混匀，备用。

3. 接种

每人取完全、缺 C、缺 N、缺 P、缺 K 和缺 Zn 培养液各一支，用无菌移液管按无菌操作条件分别接种黑曲霉孢子悬液 0.5 mL 于上述培养基中。本实验按每 5~6 人取一套培养基不接种作为空白对照。

4. 培养与观察

接种后，将培养管和对照管于 28℃ 下培养 5~7 天，观察并比较黑曲霉菌丝及孢子生长情况。

【作业】

观察并比较不同培养管中黑曲霉菌丝和孢子的生长情况，并将实验结果填入表 4-2 中。试根据所学知识分析不同营养素影响微生物生长情况的原因。

表 4-2　黑曲霉在不同培养基中的生长状况

	完全	缺 C	缺 N	缺 P	缺 K	缺 Zn
菌丝情况						
孢子情况						

注：生长情况描述：良好，较好，一般，较差，无生长。

【思考题】

该实验用细菌类微生物作实验菌种能观察到明显的结果吗？为什么？

实验 7　物理化学因素对微生物生长的影响

【实验目的】

1. 了解紫外线、化学药剂对微生物生长的影响。
2. 掌握检测化学药剂对微生物生长影响的方法。
3. 学习紫外线杀菌的方法。

【实验原理】

紫外线主要作用于细胞内的 DNA，使空间结构上相邻的胸腺嘧啶形成二聚体，阻碍碱基的正常配对，引起 DNA 链的扭曲变形，从而抑制 DNA 的复制、转录等过程，轻则使微生物发生突变，重则造成微生物死亡。紫外线照射的剂量与所用紫外灯的功率（W）、照射距离和照射时间有关。紫外线穿透力很弱，一层黑纸足以挡住紫外线的通过。

常用的化学消毒剂主要有重金属及其盐类、卤化物和氧化剂、有机溶剂、染料和表面活性剂等几大类。重金属进入细胞后，主要与酶或其他蛋白质的巯基结合使之失活或变性从而达到杀菌目的；碘与蛋白质的酪氨酸发生不可逆结合而使蛋白质失活，氯气与水作用产生的强氧化剂也具有杀菌作用；染料在低浓度下可抑制细菌生长，一般 G^+ 细菌对染料更敏感；表面活性剂吸附在细胞表面，改变细胞的通透性和稳定性，使细胞内物质外逸而使细胞生长停滞或死亡。

各种消毒剂的杀菌力通常用石炭酸系数表示。将某一消毒剂做不同程度稀释，一定条件和一定时间内，杀死全部供试微生物的最高稀释倍数与达到同样效果的石炭酸的最高稀释倍数的比值，即为该种消毒剂对该种微生物的石炭酸系数。石炭酸系数越大，说明杀菌力越强。

【实验用品】

1. 菌种

金黄色葡萄球菌（*Staphylococcus aureus*）和大肠埃希氏菌（*Escherichia coli*）。

2. 培养基、溶液或试剂

营养琼脂培养基和牛肉膏蛋白胨液体培养基、75% 乙醇、100% 乙醇、5% 石炭酸、0.005% 和 0.05% 的龙胆紫、0.2% 甲醛、无菌生理盐水等。

3. 仪器或其他用具

无菌培养皿、无菌滤纸片或牛津杯、试管、移液管、涂棒、接种环、酒精灯、火柴、黑纸等。

【实验方法】

1. 制备菌种悬液

分别取大肠埃希氏菌和金黄色葡萄球菌斜面菌种接种到牛肉膏蛋白胨液体试管培养基中，37℃下培养 18～20h。

2. 倒平板

制备营养琼脂培养基平板。

3. 涂布平板接种

用无菌移液管分别吸取培养好的两种菌液各 0.2mL 加入到上述平板上，用无菌涂棒涂布均匀。

4. 紫外线照射并培养

在涂布好的平板中央盖一小块黑纸，紫外灯预热 15min 后，将有黑纸的平板放置于紫外灯下，去掉皿盖，照射 20～30min，然后去掉黑纸，盖上皿盖，用黑纸包住培养皿，倒置，于 37℃下培养 24h，观察结果。

5. 加滤纸片并培养

将灭菌的滤纸片浸入不同化学消毒剂中，然后用镊子分别夹取含有不同消毒剂的滤纸片，平均放置到涂布好的培养皿中。将含有滤纸片的平皿倒置，于 37℃下培养 24h，观察结果并测量抑菌圈大小（图 4-12）。

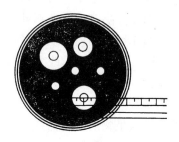

图 4-12　圆滤纸片法测定化学消毒剂的杀菌（抑菌）效果
（引自沈萍等，2004）

【作业】

1. 比较平板加黑纸和未加黑纸处菌落的生长情况，并简单解释原因。
2. 测量不同种类和浓度的消毒剂所产生的抑菌圈大小。

【思考题】

1. 是否化学试剂的浓度越高杀菌力就一定越强？
2. 设计一个实验，检测某一食品中是否含有防腐剂。

实验 8　微生物细胞大小的测定

【实验目的】

1. 学习并掌握用测微尺测定微生物细胞大小的方法。
2. 增加对微生物细胞大小的感性认识。
3. 了解目镜测微尺和镜台测微尺的构造及使用原理。

【实验原理】

微生物细胞大小是微生物形态特征和分类鉴定的重要依据之一。测量微生物细胞大小，必须借助测微尺来进行，测微尺包括目镜测微尺和镜台测微尺。

镜台测微尺是中央刻有精确等分线的载玻片(图4-13)，一般是1mm等分为100格，每格长0.01mm(10μm)，它只用来校正目镜测微尺每格的长度。目镜测微尺直接用于测量细胞大小，是一块可放入接目镜筒的圆形玻片(图4-14)，其中央有精确等分为50或100格的刻度尺，测量时，将其放在接目镜中的隔板上(此处正好与物镜放大的中间像重叠)来测量经显微镜放大后的细胞物像。由于不同目镜、物镜组合的放大倍数不相同，目镜测微尺每格表示的实际长度也不一样，因此须先用镜台测微尺校正，求出在一定放大倍数下，目镜测微尺每小格所代表的相对长度，然后用目镜测微尺直接测量细胞的实际大小。

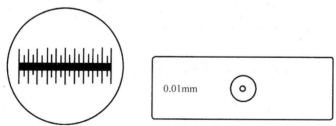

图 4-13　镜台测微尺和中央放大部分(引自刘慧，2006)

图 4-14　目镜测微尺(引自刘慧，2006)

【实验用品】

1. 菌种

枯草芽孢杆菌(*Bacillus subtilis*)营养琼脂平板培养物、大肠埃希氏菌(*Escherichia coli*)营养琼脂平板培养物和酿酒酵母(*Saccharomyces cerevisiae*)的 PDA 平板培养物。

2. 仪器或其他用具

显微镜、目镜测微尺、镜台测微尺、盖玻片、载玻片、滴管、接种环、擦镜纸等。

【实验方法】

1. 安装目镜测微尺

取出目镜，旋下目镜上的透镜，将目镜测微尺的刻度朝下轻轻地装入目镜的隔板上，旋上目镜透镜，装上目镜。

2. 校正目镜测微尺

镜台测微尺刻度朝上置于载物台上，先用低倍镜观察，对准焦距，视野中看清镜台测微尺的刻度后，转动目镜，使目镜测微尺与镜台测微尺的刻度平行，移动推动器，使两尺在某一区域内有两线完全重合，分别记录两重合线之间镜台测微尺和目镜测微尺所占的格数(图 4-15)。用相同方法分别换成高倍镜和油镜校正，并记录各自两重合线之间两尺的格数。注意观察时光线不宜过强，使用高倍镜和油镜时防止镜头压坏镜台测微尺和损坏镜头。已知镜台测微尺每格长度是 $10\mu m$，利用下列公式计算不同放大倍数下目镜测微尺每格代表的实际长度。

$$目镜测微尺每格长度(\mu m) = \frac{两重合线间镜台测微尺格数 \times 10}{两重合线间目镜测微尺格数}$$

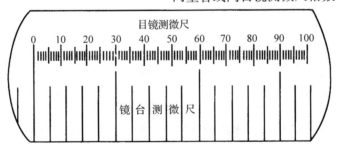

图 4-15　校正时目镜和镜台测微尺的重合情况(引自刘慧，2006)

3. 测定菌体大小

取下镜台测微尺，换上细菌染色制片，用低倍镜和高倍镜找到标本后，换油镜测量细菌细胞直径或长和宽所占有的目镜测微尺格数，然后计算出实际长度。

测定酵母菌时，先把酵母菌制成水浸片，然后在高倍镜下测出其长和宽所占有的目镜测微尺格数并计算出实际大小。

【作业】

1. 目镜测微尺校正结果(表4-3)

表4-3　目镜测微尺校正结果记录

物镜	物镜倍数	目镜测微尺格数	镜台测微尺格数	目镜测微尺每格代表实际长度(μm)
低倍镜				
高倍镜				
油镜				

2. 微生物细胞大小测定结果(表4-4)

表4-4　微生物细胞大小测定结果记录

微生物名称	目镜测微尺每格代表的实际长度(μm)	宽或直径(格数、实际长度,μm)	长(格数、实际长度,μm)	菌体大小范围(μm)

【思考题】

1. 更换目镜或物镜放大倍数时,是否需要用镜台测微尺重新校正目镜测微尺? 为什么?

2. 目镜和目镜测微尺不变,用不同倍数的物镜测定同一细胞大小时,测定结果是否相同? 为什么?

实验9 显微镜直接计数法

【实验目的】

1. 明确血细胞计数板计数的原理。
2. 掌握使用血细胞计数板进行微生物计数的方法，此法适用的微生物种类。

【实验原理】

显微镜检计数法是将少量菌悬液置于一种特别的具有确定容积的载玻片上计数的方法，适用于各种含单细胞菌体的纯培养悬浮液，如有杂质则常不易分辨。酵母菌一般采用血细胞计数板；其他类型的计菌器 Petroff-Hauser 和 Hawksley 与血细胞计数板的原理相同。用于细菌计数的计数板较薄，可以使用油镜观察，而血细胞计数板较厚，不能使用油镜。

血细胞计数板是一块特制的厚载玻片，载玻片上有 4 条凹槽而构成 3 个平台，中间较宽的平台又被一短横槽分隔成两半，每个半边上面各有一个方格网，每个方格网共分为 9 大格，只有中间的一个大方格为计数室。计数室的刻度有两种：一种是大方格分为 16 个中方格，而每个中方格又分成 25 个小方格；另一种是一个大方格分成 25 个中方格，而每个中方格又分成 16 个小方格（图 4-16）。不管是哪种构造，计数室的大方格都由 400 个小方格组成。大方格边长为 1mm，面积为 $1mm^2$，盖上盖玻片后，盖玻片与计数室底部之间的高度为 0.1mm，所以计数室（大方格）的体积为 $0.1mm^3$（万分之一毫

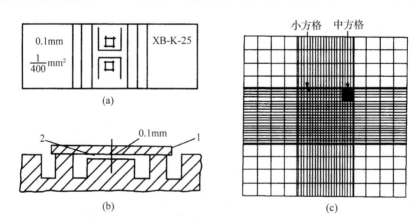

图4-16 血细胞计数板的构造

（a）正面图；（b）侧面图；（c）放大后的方格网

1. 盖玻片 2. 计数板

（引自刘慧，2006）

升）。计数时，一般数位于四角的 4 个中方格和中间一个中方格共计五个中方格中的菌数，然后计算出每个中方格中菌数的平均值，再乘以中方格总数（25 或 16），即为一个计数室（大方格）中的总菌数，换算成 1mL 菌液中的总菌数，根据稀释度最后求出 1mL 原菌液中的菌数。假设五个中方格中的总菌数为 A，菌液稀释倍数为 B，如果是 25 个中方格的计数板，则 1mL 菌液中的总菌数 $= \dfrac{A}{5} \times 25 \times 10^4 B = 50\ 000AB$（个）。

【实验器材】

1. 菌种
酿酒酵母（*Saccharomyces cerevisiae*）。

2. 溶液或试剂
生理盐水。

3. 仪器或其他用具
血细胞计数板、显微镜、盖玻片、无菌毛细滴管、吸水纸、无菌移液管等。

【实验方法】

1. 制备菌悬液
用无菌生理盐水将酿酒酵母制成浓度适当的菌悬液。用于计数的稀释度一般选择以计数板每小格内有 3~5 个细胞为宜。

2. 镜检计数室
在加样前，镜检计数板的计数室。如有污物，需清洗，吹干或晾干后才能进行计数。

3. 加样品
将清洁干燥的血细胞计数板盖上盖玻片，再用无菌的毛细滴管将摇匀的酿酒酵母菌悬液在盖玻片边缘滴一小滴，让菌液沿缝隙靠毛细虹吸作用自动进入计数室，计数室充满菌液后，用吸水纸吸去多余的菌液。取样时先要摇匀菌液；加样时计数室不可产生气泡。

4. 显微镜计数
加样后静置 5min，然后将血细胞计数板置于载物台上，先用低倍镜找到计数室即大方格所在位置，然后换成高倍镜进行计数。调节显微镜光线的强弱至菌体和计数室线条都清晰，每个计数室选 4 个角的中方格和中央的一个中方格共 5 个中方格的菌体进行计数并记录。位于格线上的菌体一般只数上方和右边线上的。如遇酵母出芽，芽体大小达到母细胞的一半时，即作为两个菌体计数。计数一个样品要从两个计数室中计得的平均数值来计算样品的含菌量。注意计数时不能出现盖玻片被菌液顶浮的现象，亦不能出现菌液未充满计数室的现象，以免影响容积造成结果不准。

5. 清洗血细胞计数板
使用完毕后，将血细胞计数板在水龙头下用水冲洗干净，切勿用硬物洗刷，以免损坏计数板上的刻度。洗完后自然晾干或吹干。然后镜检,观察每小格内是否有残留菌体或其他沉淀物。若不干净,则须重复洗涤至干净为止。

【作业】

记录结果(表4-5),并计算出样品的菌体浓度或含量。

表4-5　显微镜计数实验结果记录

计数次数	5个中格的菌数(个)					5个中格 总菌数	稀释 倍数	样品总菌数 [个/(g或mL)]
	1	2	3	4	5			
第一室								
第二室								
平均值								

【思考题】

1. 用血细胞计数板技术主要误差来自哪些方面? 应当如何减少这些误差?
2. 设计至少一种方案,检测某一活性干酵母中的菌体存活率。

实验 10　还原试验法测定鲜乳质量和抗生素残留量

【实验目的】

1. 学习用美蓝还原试验法测定鲜乳质量。
2. 学习红四氮唑还原试验法检测鲜乳中抗生素含量。

【实验原理】

美蓝还原试验法是测定牛乳质量的一种定性检测方法，操作简便。美蓝在氧化态是蓝色，还原态是无色，如果牛乳中有细菌生长繁殖，其中的溶解氧减少，美蓝会被还原为无色，根据美蓝颜色变化的速度，可以判定牛乳的质量好坏。如果美蓝在 30min 内被还原为无色，则牛乳质量很差；如在 0.5 ~ 2h 之间被还原则为质量差；如在 2 ~ 6h 之间被还原则为质量中等；如在 6h 以上被还原则为质量好。

红四氮唑（TTC）在氧化态是无色的，而在还原态是红色或粉色的。试验时在杀菌的鲜乳中先加入敏感菌株——嗜热链球菌培养液，水浴培养一定时间，如果鲜乳中没有抗生素，则该菌会生长繁殖，产生还原酶和其他还原态物质，使得鲜乳中加入的 TTC 由无色的氧化态变为红色的还原态；如果鲜乳中有抗生素残留，则抗生素会抑制嗜热链球菌的生长繁殖，TTC 无法被还原为红色。

【实验器材】

1. 菌种

嗜热链球菌（*Streptococcus thermophilus*）在 37℃ 下，8 ~ 12h 脱脂乳试管纯培养物。

2. 溶液或试剂

原料乳、美蓝溶液（硫氰酸美蓝用无菌蒸馏水配成 1:30 000 的溶液，于棕色磨口瓶中避光保存）、4% 的 TTC 溶液（1g TTC 溶于 5mL 无菌蒸馏水中，装于褐色瓶内于 7℃ 下保存，用时用无菌蒸馏水稀释 5 倍。溶液变为土色或淡褐色时不能再用）。

3. 仪器或其他用具

水浴锅、温度计、无菌大试管、记号笔、无菌移液管、试管架等。

【实验方法】

1. 测定鲜乳质量

分别向 2 个试管中加入 10mL 鲜乳和质量差的牛乳，并作 1 号和 2 号标记，再加入 1mL 美蓝溶液，塞紧塞子，上下倒转几次，混匀，于 37℃ 恒温水浴中培养，记录培养时间。每 30min 观察和倒转一次，注意美蓝颜色变化，直至 6h。

2. 测定抗生素残留量

（1）取检测样 9mL 加入到试管中，80℃水浴中加热 5min 后冷却至 37℃，加菌液 1mL，37℃水浴中培养 2h。再向上述培养液中加入 0.3mL TTC，混匀，37℃水浴中避光培养 30min，观察试管中的颜色变化。如果没有变化，继续在 37℃水浴中避光培养 30min，做最终观察。观察结果为红色则为阴性，如果为乳原色，则为阳性。

（2）每份检样做一平行试验，同时还需阳性和阴性对照各一份。阳性对照为 8mL 无抗生素的鲜乳中加入抗生素、菌液、TTC；阴性对照管是加入 9mL 无抗生素的鲜乳中加入菌液、TTC。

【作业】

1. 美蓝还原试验法检测细菌牛乳质量在表 4-6 中填写实验结果。

表 4-6　实验结果记录

项目	1 号管	2 号管
美蓝褪色时间		
牛乳样品质量		

2. TTC 法测牛乳中抗生素残留量

记录样品最终颜色，并判断牛乳中是否有抗生素残留。

【思考题】

1. 除美蓝还原法外还有哪些方法可以检测鲜牛乳中的微生物总量？
2. 除 TTC 法，还有哪些方法可以检测抗生素残留量？

实验 11　食品中微生物菌落总数测定

【实验目的】
1. 学习并掌握平板活菌计数的方法和原理。
2. 明确菌落总数测定对备件样品进行卫生学评价的意义。

【实验原理】
平板菌落计数法是最常用的一种活菌计数方法，它是根据微生物在高度稀释后可以在固体平板上长出单个菌落而设计的，每一个活的单细胞就会长成一个菌落，则平板上有多少个菌落意味着原来的活菌有多少，因此用菌落形成单位(CFU)代表活菌数。菌落总数是指食品检样经过处理，在一定条件下(如培养基、培养温度和培养时间等)培养后，所得每克或每毫升检样中形成的微生物菌落总数。菌落总数可以判定食品的清洁程度，通常食品越干净，菌落总数越少。

【实验器材】
1. 培养基
营养琼脂培养基。
2. 溶液或试剂
无菌生理盐水等。
3. 仪器或其他用具
恒温培养箱、恒温水浴箱、天平、无菌吸管、微量移液器及吸头、无菌三角瓶、玻璃珠、无菌培养皿、精密 pH 试纸、放大镜、均质器等。

【实验方法】
1. 样品稀释
如果是固体和半固体样品，称取 25 g 样品置盛有 225 mL 生理盐水的无菌均质杯内，以 8 000～10 000 r/min 速度均质 1～2 min 制成 1:10 的样品匀液。如果是液体样品，以无菌吸管吸取 25 mL 样品置于盛有 225 mL 生理盐水和适当数量无菌玻璃珠的无菌三角瓶中，充分混匀，制成 1:10 的样品匀液。用 1 mL 无菌吸管吸取该样品匀液 1 mL，沿管壁缓慢注入盛有 9 mL 稀释液的无菌试管中，振摇试管使其混合均匀，制成 1:100 的样品匀液。依次稀释，制备 10 倍系列稀释样品匀液，每递增稀释一次，换用 1 次 1 mL 无菌吸管。

2. 接种培养

根据对样品污染状况的估计，选择 2 ~ 3 个适宜稀释度的样品匀液(可包括原液)，吸取 1 mL 样品匀液于无菌平皿内，每个稀释度做两个平皿，同时，分别吸取 1 mL 空白稀释液加入两个无菌平皿内作空白对照。将 15 ~ 20 mL 冷却至 46 ℃ 的平板计数营养琼脂培养基倾注于平皿，并转动平皿使其混合均匀，放于实验台上，待凝。待琼脂凝固后，将平板翻转，于(36 ± 1) ℃下培养 48 h。

3. 菌落计数

用肉眼或放大镜观察，记录稀释倍数和相应的菌落数量，菌落计数以菌落形成单位(colony-forming units，CFU)表示。选取菌落数在 30 ~ 300 CFU 之间、无蔓延菌落生长的平板计算菌落总数。低于 30 CFU 的平板记录具体菌落数，大于 300 CFU 的可记录为多不可计。每个稀释度的菌落数应采用两个平板的平均值。

【作业】

1. 按下列要求计算菌落总数

若只有一个稀释度平板上的菌落数在适宜计数范围内，计算两个平板菌落数的平均值，再将平均值乘以相应稀释倍数，作为每克(毫升)样品中菌落总数的结果。

若有两个连续稀释度的平板菌落数在适宜计数范围内时，则

样品中菌落数 = 平板(含适宜范围菌落数的平板)菌落数之和/$(n_1 + 0.1 n_2)d$

其中，n_1 为第一稀释度(低稀释倍数)平板个数，n_2 为第二稀释度(高稀释倍数)平板个数，d 为稀释因子(第一稀释度即 n_1 的稀释度)。

若所有稀释度的平板上菌落数均大于 300 CFU，则对稀释度最高的平板进行计数，其他平板可记录为多不可计，结果按平均菌落数乘以最高稀释倍数计算。

若所有稀释度的平板菌落数均小于 30 CFU，则应按稀释度最低的平均菌落数乘以稀释倍数计算。

若所有稀释度(含液体样品原液)平板均无菌落生长，则以小于 1 乘以最低稀释倍数计算。

若所有稀释度的平板菌落数均不在 30 ~ 300 CFU 之间，其中一部分小于 30 CFU 或大于 300 CFU 时，则以最接近 30 CFU 或 300 CFU 的平均菌落数乘以稀释倍数计算。

2. 在报告时遵循的原则

菌落数小于 100 CFU 时，按"四舍五入"原则修约，以整数报告。

菌落数大于或等于 100 CFU 时，采用两位有效数字，后面用 0 代替位数，也可用 10 的指数形式来表示，按"四舍五入"原则修约。

若空白对照上有菌落生长，则此次检测结果无效。

质量取样以 CFU/g 为单位报告，体积取样以 CFU/mL 为单位报告。

【思考题】

1. 若要使得平板计数法计数准则需要注意哪些方面?
2. 同一种菌液，采用显微镜直接计数和用平板计数结果会相同吗? 为什么?

实验 12　食品中大肠菌群的测定

【实验目的】

1. 学习和掌握大肠菌群的测定方法和原理。
2. 了解大肠菌群测定在食品卫生检验中的意义。

【实验原理】

大肠菌群是在一定培养条件下能发酵乳糖、产酸、产气的需氧和兼性厌氧革兰氏阴性无芽胞杆菌，大肠菌群的检测即是利用这一性质，采用 MPN 法和平板计数法进行检测。食品中大肠菌群主要来源于人、畜粪便，用大肠菌群的检测作为粪便污染指标评价食品卫生状况，推断食品中肠道致病菌污染的可能。

MPN 为最大可能数(most probable number)是对样品进行连续系列稀释，加入培养基进行培养，从规定的反应呈阳性管数的出现率，用概率论来推算样品中菌数最近似的数值。MPN 检索表只给了三个稀释度，如改用不同的稀释度，则表内数字应相应降低或增加 10 的整数倍。

【实验器材】

1. 培养基

月桂基硫酸盐胰蛋白胨(LST)肉汤、煌绿乳糖胆盐(BGLB)肉汤、结晶紫中性红胆盐琼脂(VRBA)。

2. 溶液或试剂

无菌生理盐水、无菌 1 mol/L NaOH、无菌 1 mol/L HCl 等。

3. 仪器或其他用具

接种环、恒温培养箱、恒温水浴箱、天平、均质器、无菌吸管、无菌三角瓶、无菌培养皿、精密 pH 试纸、酒精灯等。

【实验方法】

1. 样品稀释

如果是固体和半固体样品，称取 25 g 样品置于盛有 225 mL 生理盐水的无菌均质杯或均质袋内，以 8 000 ~ 10 000 r/min 速度均质 1 ~ 2 min 制成 1:10 的样品匀液。如果是液体样品，以无菌吸管吸取 25 mL 样品置于盛有 225 mL 生理盐水和适当数量无菌玻璃珠的无菌三角瓶中，充分振荡混匀，制成 1:10 的样品匀液。样品匀液的 pH 值应在 6.5 ~ 7.5 之间，必要时分别用 1 mol/L NaOH 或 1 mol/L HCl 调节。用 1 mL 无菌吸管吸取该样品匀液 1 mL，沿管壁缓慢注入盛有 9 mL 稀释液的无菌试管中，振摇试管使其混合均匀，制成 1:100 的样品匀液。依次稀释，制备 10 倍系列稀释样品匀液，每递增稀释一次，换用 1 次 1 mL 无菌吸管。

2. MPN 计数法检验

(1)初发酵试验 每个样品，选择 3 个适宜的连续稀释度的样品匀液(液体样品可以选择原液)，每个稀释度接种 3 管月桂基硫酸盐胰蛋白胨(LST)肉汤，每管接种 1mL，(如接种量超过 1 mL，则用双料 LST 肉汤)，(36 ± 1)℃下培养 24 h，观察小倒管内是否有气泡产生，产气者进行复发酵试验，如未产气则继续培养至 48 h，又产气者进行复发酵试验。未产气者为大肠菌群阴性。

(2)复发酵试验 用接种环从产气的 LST 肉汤管中分别取培养物 1 环，或用无菌吸管吸取 0.1mL 培养物，接种于煌绿乳糖胆盐(BGLB)肉汤管中，(36 ± 1)℃下培养 48 h，观察产气情况。产气者，计为大肠菌群阳性。

3. 平板计数法的检验

(1)接种平板 选取 2 ~ 3 个适宜的连续稀释度，每个稀释度接种 2 个无菌平皿，每皿 1 mL。同时取 1 mL 生理盐水加入无菌平皿作空白对照。及时将 15 ~ 20 mL 冷却至 46 ℃的结晶紫中性红胆盐琼脂(VRBA)倾注于每个平皿中，快速地轻转平皿，将培养基与样品悬液充分混匀，待琼脂凝固后，再加 3 ~ 4 mL VRBA 覆盖平板表层。(36 ± 1)℃下培养 18 ~ 24 h。

(2)菌落计数 选取菌落数在 15 ~ 150 CFU 之间的平板，分别计数平板上出现的典型和可疑大肠菌群菌落。典型菌落为紫红色，菌落周围有红色的胆盐沉淀环，菌落直径为 0.5 mm 或更大。

(3)证实试验 从 VRBA 平板上挑取 10 个不同类型的典型和可疑菌落，分别移种于 BGLB 肉汤管内，(36 ± 1)℃下培养 24 ~ 48 h，观察产气情况。凡 BGLB 肉汤管的产气者，即可报告为大肠菌群阳性。

【作业】

1. 大肠菌群最大可能数(MPN)的报告

按上述实验确证的大肠菌群 LST 阳性管数检索 MPN 表(见表 4-3)，报告每克(毫升)样品中大肠菌群的 MPN 值。

2. 大肠菌群平板计数的报告

经最后证实为大肠菌群阳性的试管比例乘以平板中计数的平板菌落数，再乘以稀释倍数，即为每克(毫升)样品中大肠菌群数。

【思考题】

大肠菌群检测中哪些步骤容易出现误差，应注意什么？如出现误差，试分析原因。

附：培养基配方

1. 月桂基硫酸盐胰蛋白胨(LST)肉汤

成分：胰蛋白胨或胰酪胨 20.0 g、氯化钠 5.0 g、乳糖 5.0 g、磷酸氢二钾
(K_2HPO_4) 2.75 g、磷酸二氢钾(KH_2PO_4) 2.75 g、月桂基硫酸钠 0.1 g、蒸馏水 1 000
mL，pH = 6.8 ± 0.2。

制法：将上述成分溶解于蒸馏水中，调节 pH。分装到有玻璃小倒管的试管中，每
管 10 mL。121℃下高压灭菌 15 min。

2. 煌绿乳糖胆盐(BGLB)肉汤

成分：蛋白胨 10.0 g、乳糖 10.0 g、牛胆粉(oxgall 或 oxbile)溶液 200 mL、0.1%煌
绿水溶液 13.3 mL、蒸馏水 800 mL，pH = 7.2 ± 0.1。

制法：将蛋白胨、乳糖溶于约 500 mL 蒸馏水中，加入牛胆粉溶液 200 mL(将
20.0 g 脱水牛胆粉溶于 200 mL 蒸馏水中，调节 pH 至 7.0 ~ 7.5)，用蒸馏水稀释到
975 mL，调节 pH，再加入 0.1%煌绿水溶液 13.3 mL，用蒸馏水补足到 1 000 mL，用棉
花过滤后，分装到有玻璃小倒管的试管中，每管 10 mL。121℃下高压灭菌 15 min。

表 4-3　大肠菌群最大可能数(MPN)检索表

阳性管数			MPN	95% 置信区间		阳性管数			MPN	95% 置信区间	
0.10	0.01	0.001		下限	上限	0.10	0.01	0.001		下限	上限
0	0	0	<3.0	—	9.5	2	2	0	21	4.5	42
0	0	1	3.0	0.15	9.6	2	2	1	28	8.7	94
0	1	0	3.0	0.15	11	2	2	2	35	8.7	94
0	1	1	6.1	1.2	18	2	3	0	29	8.7	94
0	2	0	6.2	1.2	18	2	3	1	36	8.7	94
0	3	0	9.4	3.6	38	3	0	0	23	4.6	94
1	0	0	3.6	0.17	18	3	0	1	38	8.7	110
1	0	1	7.2	1.3	18	3	0	2	64	17	180
1	0	2	11	3.6	38	3	1	0	43	9	180
1	1	0	7.4	1.3	20	3	1	1	75	17	200
1	1	1	11	3.6	38	3	1	2	120	37	420
1	2	0	11	3.6	42	3	1	3	160	40	420
1	2	1	15	4.5	42	3	2	0	93	18	420
1	3	0	16	4.5	42	3	2	1	150	37	420
2	0	0	9.2	1.4	38	3	2	2	210	40	430
2	0	1	14	3.6	42	3	2	3	290	90	1 000
2	0	2	20	4.5	42	3	3	0	240	42	1 000
2	1	0	15	3.7	42	3	3	1	460	90	2 000
2	1	1	20	4.5	42	3	3	2	1 100	180	4 100
2	1	2	27	8.7	94	3	3	3	>1 100	420	—

注1. 本表采用 3 个稀释度[0.1 g(mL)、0.01 g(mL)和 0.001 g(mL)]，每个稀释度接种 3 管。

注2. 表内所列检样量如改用 1 g (mL)、0.1 g(mL)和 0.01 g(mL)时，表内数字应相应降低 10 倍；如改用
0.01g(mL)、0.001 g(mL)、0.0001 g(mL)时，则表内数字应相应增高 10 倍，其余类推。

3. 结晶紫中性红胆盐琼脂(VRBA)

成分：蛋白胨 7.0 g、酵母膏 3.0 g、乳糖 10.0 g、氯化钠 5.0 g、胆盐或 3 号胆盐 1.5 g、中性红 0.03 g、结晶紫 0.002 g、琼脂 15~18 g、蒸馏水 1 000 mL，pH = 7.4 ±0.1。

制法：将上述成分溶于蒸馏水中，静置几分钟，充分搅拌，调节 pH。然后煮沸 2 min，将培养基冷却至 45~50 ℃倾注平板。使用前临时制备，不得超过 3 h。

实验 13　甜酒酿的制作

【实验目的】

1. 了解微生物制作甜酒酿的基本原理。
2. 掌握甜酒酿的制作方法。

【实验原理】

糯米经蒸煮糊化后,生物大分子变性,淀粉粒破裂,便于蛋白酶和糖化酶的作用。甜酒药中的根霉和毛霉分泌的淀粉酶将淀粉糖化为小分子的糊精和葡萄糖,然后酵母菌利用这些糖化产物进行酒精发酵,将一部分葡萄糖转化为酒精。糯米中的蛋白质大分子物质在蛋白酶水解下降解为氨基酸和小分子多肽,赋予酒酿特有的风味香气和丰富的营养。随着发酵时间延长,甜酒酿中的糖度下降,酒精度升高,因此适时结束发酵是保持甜酒酿口味的关键。

【实验器材】

1. 菌种和原料

市售甜酒药、优质糯米。

2. 仪器或其他用具

蒸锅、纱布、培养箱、玻璃棒、天平、不锈钢小盆、不锈钢铲、不锈钢蒸屉、保鲜膜、线绳、报纸等。

【实验方法】

1. 浸米

将糯米洗净,浸泡 12~16h,至米粒可以用手碾碎即可。

2. 蒸饭

在蒸锅里放上水,蒸屉上垫两层纱布,烧水沸腾至有蒸汽。将沥干的糯米放在布上摊开,蒸至米粒完全熟透,约 1h。

3. 米饭降温

将蒸熟的米饭从锅内取出,室温下摊开降温,使米粒松散,冷却至30℃左右。

4. 落缸搭窝

将晾好的米饭装入小盆中,不要超过容积的 2/3。将酒药拌入米饭中,加入少量冷开水,用玻璃棒轻轻搅拌,搭成 U 形窝,可以扩大菌与空气的接触面积,也使后续浸出的甜汤不浸没糯米。用保鲜膜和报纸封口,进行发酵。

5. 糖化与主发酵

在 28~30℃下发酵。初期,米饭表面可见大量菌丝体,米饭黏度下降,糖化液出现并慢慢增加,达到米饭堆 2/3 高度时,搅拌,继续发酵 24h 左右。共发酵 2~3 天。

6. 后发酵

主发酵完成的酒酿一般会略带酸味,在 8~10℃下继续发酵 2 天或更长一段时间,酸味会消失。

7. 鉴定品尝

观察外观应清澈、半透明,醪液充沛,色(稍有点米黄色)香(醇香、酯香浓郁)味(爽口、杀口等)俱全。

【作业】

每天观察,记录发酵现象,对产品进行感官评定。

【思考题】

1. 甜酒药中主要有哪些微生物?都有哪些功能?
2. 甜酒酿后发酵中酸味消失的原因是什么?

实验 14　从自然界中分离筛选曲霉菌微生物菌种

【实验目的】
学习并掌握曲霉菌的分离原理和方法。

【实验原理】
　　自然界存在着各种各样的微生物，不同的自然环境中存在的微生物种类也不会完全相同。各种农副产品、食品的营养成分不同，微生物种类亦不同，因此可以从中分离出不同的微生物。从自然界中分离筛选微生物菌种，是我们获得优良新菌种的最基本的方法，因此，食品工业菌种的分离筛选是一项重要的、长期而繁重的工作。食品工业菌种常用的分离源有被污染的生产或科研菌种、生产中长期使用的菌种、发酵食品中的菌种、动物肠道菌群、经各种育种方法处理过的微生物材料和自然界菌种样品。

　　本实验将采用稀释法和涂布法分离筛选曲霉菌。曲霉菌糖化能力的检测采用透明圈法：先用淀粉琼脂培养基培养待分离样品，待分离样品中的曲霉菌会产生胞外的糖化酶，该菌落周围培养基中的淀粉在糖化酶的作用下被水解，遇碘后呈无色透明圈而平板的其他处呈蓝色。一般来讲，透明圈的直径越大，该菌的糖化力越强。可根据透明圈的大小筛选出糖化力强的菌株。

【实验器材】
1. 菌源和培养基
黑曲霉种曲、2% 淀粉察氏培养基。
2. 溶液或试剂
碘液、无菌生理盐水等。
3. 仪器或其他用具
振荡器、无菌平皿、无菌三角瓶、涂布棒、无菌试管、玻璃珠、无菌纱布、无菌移液器、酒精灯等。

【实验方法】
(1)熔化淀粉察氏培养基，稍冷后倒平板。
(2)取少许种曲，加入盛有 10mL 带玻璃珠的无菌生理盐水的三角瓶中，用振荡器振荡 1～2min，目的是打散孢子团粒，使之形成均匀的孢子悬液。然后将该菌悬液用无菌纱布过滤于无菌试管中。
(3)将上述孢子悬浮液以 1∶10 倍比稀释，取其中 2 个适当稀释度的孢子悬液各

0.2mL,于淀粉察氏培养基平板上用无菌涂布棒分别涂布 3 个平皿,在 28~30℃下培养 2 天后观察菌落的形态特征和透明圈大小。如有条件可进一步测定各菌落的糖化酶活力。

【作业】

1. 描述黑曲霉分离株的形态特征及其分生孢子头的生态。
2. 观察不同菌落的透明圈大小是否一样。

【思考题】

思考菌株淀粉酶产量与透明圈直径有何关系?

附　培养基和试剂

1. 2%淀粉察氏培养基

成分:淀粉 20g、$NaNO_3$ 3g、KCl 0.5g、K_2HPO_4 1g、$FeSO_4$ 0.01g、$MgSO_4$ 5g、琼脂 15g、蒸馏水 1 000mL,pH=6.7。

配制时,先用少量冷水,将淀粉调成糊状,加热至透明,然后倒入水中,边搅拌,边加入其他成分,溶化后,补水至 1 000mL。

2. 碘液

成分:碘 2g、碘化钾 4g、蒸馏水 100mL。

制法:先将碘化钾溶于 5mL 蒸馏水中,再将碘片溶解于碘化钾溶液中,全溶解后,补足水分,贮存于棕色瓶内。变为浅黄色的不可用。

实验 15　蛋白质、脂肪分解菌的检验

【实验目的】

1. 学会食品中蛋白质分解菌的检验方法和原理。
2. 学会食品中脂肪分解菌的检验方法和原理。

【实验原理】

蛋白质分解菌可以利用牛乳胨化实验来检验。牛乳中有酪蛋白，具有酪蛋白水解酶的细菌可以分解其中的酪蛋白使之成为小分子物质，直接出现胨化现象，由此可知该菌可以分解蛋白质。

细菌产生的脂酶可分解脂肪使之成为游离脂肪酸和甘油。在培养基中加入维多利亚蓝，它可与脂肪结合成为无色化合物，如果脂肪被细菌分解，则维多利亚蓝被释出，呈现蓝色。中性红指示剂在中性时为黄色，酸性时为红色，在培养基中加入中性红指示剂，如果微生物能够分泌脂酶，会将培养基中的脂肪分解为甘油和脂肪酸，使培养基pH 值降低，培养基变为深红色，亦可知该菌是脂肪分解菌。

【实验器材】

1. 样品和培养基

脱脂牛乳琼脂培养基、维多利亚蓝 B 培养基、营养琼脂培养基、中性红油脂培养基、原料牛乳或干酪、发酵风干的牛肉或肠等。

2. 溶液或试剂

生理盐水、10% 醋酸等。

3. 仪器或其他用具

培养箱、接种环、酒精灯、无菌培养皿、涂布棒、无菌移液管等。

【实验方法】

1. 样品的采集与处理

按照活菌平板计数的方法采集与处理样品，并进行梯度稀释。

2. 蛋白质分解菌的检测

将不同稀释度的样品稀释液各吸取 1mL，分别加入到相应编号的无菌培养皿中。然后将熔化后冷却至 46℃左右的脱脂牛乳培养基倾注到不同培养皿内，并快速地轻轻地旋转平皿，使样品稀释液与培养基均匀混合，置于实验台上，待凝。凝固后，平皿倒置于 20℃培养箱中培养 3 天。然后用 10% 醋酸淹没平板 1min，倾去多余的酸溶液，计数

因蛋白质分解而产生透明圈的菌落数。

3. 脂肪分解菌的检测

将少量维多利亚蓝 B 培养基倒入灭菌平皿内,凝固后,分别加入不同稀释度的样品稀释液 1mL,用涂布棒涂匀,然后将熔化后冷却至 46℃ 左右的营养琼脂培养基 10mL 倒入平皿内,快速混匀,冷凝后于 25℃ 下培养 3~7 天,菌落周围有暗蓝色环出现的为脂肪分解菌。将熔化的中性红油脂培养基冷却至 50℃ 左右,充分振荡,目的是使培养基中的油脂均匀分布,然后快速倒平板,置于实验台上,待凝。凝固后,将脂肪分解菌划线接种到中性红油脂培养基上于 25℃ 下培养 2 天,培养基出现红色斑点的菌为脂肪酸分解菌。

【作业】

1. 将蛋白质分解菌落计数,求出样品中的蛋白质分解菌的 CFU 数量。
2. 将脂肪分解菌落计数,求出样品中脂肪分解菌的 CFU 数量。

【思考题】

思考是否还有其他方法检测能降解蛋白质和脂肪的微生物?

附 培养基

1. 脱脂牛乳琼脂培养基

成分:pH = 7.4 营养琼脂 1 000mL、脱脂牛乳 100mL。

制法:熔化营养琼脂培养基,冷却至 50℃,加入无菌的脱脂牛乳,混合均匀后倒平板。

2. 维多利亚蓝 B 培养基

成分:脂肪基质 50g、1∶1 500 维多利亚蓝 B 溶液 200mL、琼脂 15g、蒸馏水 800mL。

制法:将脂肪和琼脂加热溶解于 800mL 水中,混合均匀后,于 0.1MPa 压力下灭菌 30min,冷却至 50℃ 时加入过滤除菌的维多利亚蓝 B 溶液,倾注平板。脂肪基质是三丁酸甘油酯、豆油、黄油等除去游离脂肪酸的脂肪。

3. 中性红油脂培养基

成分:牛肉膏 5g、蛋白胨 10g、香油或花生油 10g、NaCl 5g、1.6% 的中性红水溶液 1mL、琼脂 15g、蒸馏水 1 000mL,pH = 7.2。

制法:将 NaCl、牛肉膏、蛋白胨、油加热溶解于水中,调 pH = 7.2,再加入琼脂溶解,再加入中性红溶液。于 0.07MPa 压力下灭菌 20min。

实验 16　食品中耐热菌数量的检测

【实验目的】
学会食品中耐热菌的检测方法。

【实验原理】
耐热菌一般指经常规巴氏杀菌后仍然残存但是该温度下不能正常生长繁殖的微生物。这些微生物在食品中生长繁殖会改变食品成分，缩短食品的贮藏期。为了及时控制耐热菌，需要对食品的原料、成品或半成品进行检测，耐热菌计数常规采用活菌平板计数法检测。

【实验器材】
1. 样品和培养基
热杀菌食品如消毒乳、葡萄酒、啤酒，营养琼脂培养基。
2. 溶液或试剂
生理盐水等。
3. 仪器或其他用具
培养箱、水浴锅、无菌移液管、无菌培养皿、无菌试管、温度计、酒精灯、均质器等。

【实验方法】
1. 样品处理
如果是固体和半固体样品，称取 25 g 样品置于盛有 225 mL 生理盐水的无菌均质杯或均质袋内，以 8 000 ~ 10 000 r/min 速度均质 1 ~ 2 min 制成 1:10 的样品悬液。如果是液体样品，不必稀释，充分混匀即可。
2. 巴氏杀菌和冷却
吸取原始液体检样或固体检样稀释液 5mL 于无菌试管内，加帽拧紧，在其中一支检样试管中加入温度计，用以检测整个灭菌过程中的温度变化。将所有检测样试管先于冰水中水浴 30min，使全部检样的初始温度一致，然后放入(63 ± 0.5)℃水浴锅中，水浴的水位线至少高于试管内检样液面 4cm，使检样受热均匀，在(63 ± 0.5)℃条件下持续 30min 后，迅速将检样试管浸入冰水中，使温度尽快冷却至 10℃以下。
3. 接种培养计数
将巴氏杀菌后的样品进行倍比稀释，吸取 3 个合适的稀释度悬液各 1mL，放入编号的无菌平皿内，用营养琼脂培养基倾注混菌，凝固后倒置于30℃的培养箱中培养2天，长出菌落后计数。

【作业】

记录耐热菌的结果，并给出食品中耐热菌的数量。

【思考题】

试分析热杀菌食品中耐热菌存在的危害，应如何避免这些危害？

第5章　植物组织培养

实验1　母液的配置

【实验目的】
掌握培养基母液配制的基本方法。

【实验原理】
必需元素是维持植物正常生命活动不可缺少的元素，其中，浓度大于 0.5mmol/L 则称其为植物生长发育所必需的大量元素。反之，则为微量元素。

大量元素有 C、H、O、N、P、K、S、Ca、Mg。H、O 两种元素主要从培养基中添加的水中获得；N、P、K、S、Ca、Mg 等 6 种植物必需的大量元素。这 6 种大量元素由培养中添加的 NH_4NO_3、KNO_3、$CaCl_2 \cdot 2H_2O$、$MgSO_4 \cdot 7H_2O$、KH_2PO_4 中获得。N 是生命元素，研究证明在培养基中添加硝态氮和铵态氮，尤其是当两种形态的 N 元素共存时，可以获得非常好的培养效果。C 元素靠植物进行光合作用，吸收固定空气中的 CO_2 而获得。离体植物组织和细胞在培养中或因缺乏叶绿素无法进行光合作用，或绿色组织光合作用较弱，产生的碳源无法自给自足。因此需要通过向培养基中添加蔗糖或葡萄糖来提供碳源。

微量元素在植物生长中需要量极微，多了反而对植物有害。向培养基中添加的微量元素有 B、Mn、Cu、Zn、Mo、Co、I、Cl。

在实际操作中，为了使用方便，常把配置培养基用的试剂按试剂种类和性质进行归类，配置一种或几种药品组合在一起的浓缩液，浓缩液一般按原来的浓度扩大 10 倍、100 倍、200 倍称量，即母液。这样，每次用时从浓缩液中吸取进行稀释即可，而不需每次都一一称量药品。

【实验用品】
试剂：硝酸铵、硝酸钾、氯化钙、硫酸镁、磷酸二氢钾、碘化钾、硼酸、硫酸锰、硫酸锌、钼酸钠、硫酸铜、氯化钴、乙二胺四乙酸二钠、硫酸亚铁、V_{B_3}、V_{B_6}、V_{B_1}、甘氨酸、肌醇、6-BA、NAA、1mol/L 的 NaOH 溶液、1mol/L 的 HCl 溶液。

常用的玻璃器皿有：组培瓶、移液管、试剂瓶、烧杯、量筒、容量瓶、滴瓶、培养皿等。

常用的器械有：剪刀、镊子、解剖刀等。

【实验方法】

以配置 1L 的 MS 培养基母液为例，如表 5-1 所示，母液分为以下几种。

1. 大量元素母液

大量元素母液是把包含 N、P、K、S、Ca、Mg 等 6 类大量元素的 5 种无机盐化合物配在一起的混合溶液。根据表 5-1 中的药品用量，分别称取 5 种无机盐化合物，分别加入 100~150 mL 蒸馏水进行溶解。将 5 种无机盐化合物汇集倒入 1 000mL 容量瓶，氯化钙溶液要最后加入，以避免形成沉淀。并用蒸馏水冲洗烧杯、玻璃棒，冲洗的残液也一并转入容量瓶，再用蒸馏水定容至 1 000mL，转入细口瓶或广口瓶，贴标签，标注：①母液类别；②扩大倍数；③配制日期；④配制人组别或姓名。置于 4℃ 冰箱中贮存备用。

2. 微量元素母液

微量元素母液是把包含微量元素 B、Mn、Cu、Zn、Mo、Co、I、Cl 的 7 种无机盐化合物配在一起的混合溶液。根据表 5-1 中的药品用量，依次称取 7 种无机盐化合物，各加入 100mL 左右蒸馏水，分别进行溶解。将 7 种溶液混合，再用蒸馏水定容至 1 000mL，转入细口瓶或广口瓶，贴标签，标注：①母液类别；②扩大倍数；③配制日期；④配制人组别或姓名。置于 4℃ 冰箱中贮存备用。

3. 铁盐母液

准确称取硫酸亚铁 7.45g，溶于约 400mL 蒸馏水中，加热并用玻璃棒不停搅拌，以充分溶解。再准确称取乙二胺四乙酸二钠 5.57g，溶于约 400mL 蒸馏水中，加热并用玻璃棒不停搅拌，以充分溶解。将两种热的溶液混合，调 pH 值至 5.5，加蒸馏水混合至 1 000mL，摇匀，倒入棕色试剂瓶中。贴标签，标注：①母液类别；②扩大倍数；③配制日期；④配制人组别或姓名。放在室温下 10h 以上，让其充分反应，之后观察若无沉淀产生，再放入冰箱中于 4℃ 下贮存备用。

4. 有机化合物母液

准确称取烟酸（VB₃）0.1g、盐酸吡哆醇（VB₆）0.1g、盐酸硫胺素（VB₁）0.02g、甘氨酸 0.4g，用蒸馏水分别溶解，混合，加蒸馏水定容至 1L。装入试剂瓶，贴标签，标注：①母液类别；②扩大倍数；③配制日期；④配制人组别或姓名。放入冰箱中于 4℃ 下贮存备用。

5. 肌醇母液

因肌醇溶液易变质，存放时间较短，而且用量较大，所以需单独配制，配制量以每次配制 200mL 母液为宜。准确称取肌醇 4g，用蒸馏水溶解后定容至 200mL。装入试剂瓶，贴标签，标注：①母液类别；②扩大倍数；③配制日期；④配制人组别或姓名。放入冰箱中于 4℃ 下贮存备用。

6. 激素母液

本实验中，生长素和细胞分裂素类均配制成 1mg/mL 的浓缩液。

（1）细胞分裂素类如6-BA　可采用1mol/L的NaOH或1mol/L的盐酸来溶解。准确称取6-BA 10mg，用1mol/L的NaOH溶解后，加蒸馏水定容至100mL，装入试剂瓶，贴标签，标注：①激素名称；②母液浓度；③配制日期；④配制人组别或姓名。放入冰箱中于4℃下贮存备用。

（2）生长素类如NAA　用无水乙醇来溶解。准确称取NAA 10mg，用无水乙醇溶解后，加蒸馏水定容至100mL，装入试剂瓶，贴标签，标注：①激素名称；②母液浓度；③配制日期；④配制人组别或姓名。放入冰箱中于4℃下贮存备用。

表 5-1　MS 培养基母液配制

类别	化合物名称	化学式	配1L培养基需称取药品量(g)	扩大倍数	配1L母液需称取药品量(g)	配1L培养基需吸取母液量(mL)
大量元素 (N、P、K、 S、Ca、Mg)	硝酸铵	NH_4NO_3	1.65	20×	33	50
	硝酸钾	KNO_3	1.9		38	
	氯化钙	$CaCl_2 \cdot 2H_2O$	0.44(若无水: 0.332g)		8.8(若无水: 6.64g)	
	硫酸镁	$MgSO_4 \cdot 7H_2O$	0.37		7.4	
	磷酸二氢钾	KH_2PO_4	0.17		3.4	
微量元素 (B、Mn、Cu、 Zn、Mo、Co、 I、Cl)	碘化钾	KI	0.000166	200×	0.0332	5
	硼酸	H_3BO_4	0.00124		0.248	
	硫酸锰	$MnSO_4 \cdot H_2O$	0.00446		0.892	
	硫酸锌	$ZnSO_4 \cdot 7H_2O$	0.00172		0.344	
	钼酸钠	$Na_2MoO_4 \cdot 2H_2O$	0.00005		0.01	
	硫酸铜	$CuSO_4 \cdot 5H_2O$	0.000005		0.001	
	氯化钴	$CoCl_2 \cdot 6H_2O$	0.000005		0.001	
Fe 盐	乙二胺四乙酸二钠	$Na_2 \cdot EDTA \cdot 2H_2O$	0.03725	200×	7.45	5
	硫酸亚铁	$FeSO_4 \cdot 7H_2O$	0.02785		5.57	
有机成分	烟酸(VB_3)	$C_6H_5NO_2$	0.0005	200×	0.1	5
	盐酸吡哆醇(VB_6)	$C_8H_{11}O_3N \cdot HCl$	0.0005		0.1	
	盐酸硫胺素(VB_1)	$C_{12}H_{17}ClN_4OS \cdot HCl$	0.0001		0.02	
	甘氨酸	$C_2H_5NO_2$	0.002		0.4	
肌醇	肌醇	$C_6H_{12}O_6$	0.1	200×	20	5

【作业】

1. 在配制大量元素的母液时，为什么要最后加入氯化钙？

2. 铁盐母液配制完成后，能否立即放入4℃的冰箱中？原因是什么？

实验 2   培养基的配制

【实验目的】

1. 掌握培养基配制的基本步骤及注意事项。
2. 掌握培养基灭菌技术。

【实验原理】

在植物的组织培养(简称组培)实验中,当培养材料确定后,培养基配方的选择是直接关系到实验成功与否的关键。所以,组培实验的首要一点就是筛选合适的培养基。根据所要培养的材料,查阅相关文献,包括同属、同科的植物成功的培养配方。通过筛选,确定出几种启动培养的配方,通过对比实验,由最后的数据得出最佳配方。再依次筛选获得最佳继代增殖培养基配方、生根培养基配方。

【实验用品】

1. 试剂

配制好的各种母液(包括激素母液)、蔗糖(分析纯)、琼脂,调 pH 值用的 1mol/L 的 HCl 溶液和 1mol/L NaOH 溶液。

2. 器具

1L 烧杯、量筒、容量瓶、移液管、洗瓶、玻璃棒、pH 试纸。

3. 仪器

纯水仪、电磁炉、电子天平(1g/100)、分析天平(1g/10 000)。

【实验方法】

以配制 1L 的 MS 培养基为例,下面介绍培养基配制的基本步骤。

(1)准备工作   将电磁炉插上电源,大烧杯、玻璃棒、蒸馏水、洗瓶放置实验台上备用。从冰箱里取出配制好的母液,在实验台上按大量元素母液、微量元素母液、铁盐母液、有机化合物母液、激素母液的顺序摆好,备用。

(2)称取蔗糖、琼脂   用电子天平称取 30g 蔗糖、6g 琼脂,分别用称量纸置于实验台上备用。

(3)吸取母液   取 1 个 1L 的大烧杯,按照表 5-1 中的量,依次用移液管吸取所需的各种母液的量:大量元素母液 50mL,微量元素母液 5mL,铁盐母液 5mL,有机化合物母液 5mL,肌醇母液 5mL,耐高温高压的激素母液。注意,移液管每用一次都要用蒸馏水冲洗。

(4)定容　向烧杯中加入约 500mL 蒸馏水，再将 30g 蔗糖和 6g 琼脂也加入 1L 的大烧杯中，搅拌，加蒸馏水将体积调整至 1L，加热，并用玻璃棒不断搅拌，至完全溶解。

(5)调 pH 值　用 1mol/L HCl 溶液和 1mol/L NaOH 溶液来调节 pH 值，将培养基搅拌均匀，调节 pH 值至 5.8~6.0。

(6)复查　检查一遍，确认蔗糖、琼脂、大量元素母液、微量元素母液、铁盐母液、有机化合物母液、肌醇母液、耐高温高压的激素母液是否有遗漏，是否已调 pH 值。

(7)分装　将配制好的培养基进行分装，可分装至 250mL 的组培瓶中。分装要求：

①每瓶装 30mL 左右的培养基。

②培养基不能滴到组培瓶口或瓶口附近，避免污染。

③将瓶盖盖严。

④瓶身用记号笔标注培养基配方编号。

(8)高压灭菌

①将组培瓶码入全自动高压灭菌锅的提篮中，每提篮可装 250mL 的组培瓶 38 瓶。现代实验室常用的 50L 的 SANYO 高压灭菌锅可放 2 个提篮，共计 76 瓶；75L 的 SANYO 高压灭菌锅可放 3 个提篮，共计 114 瓶。

②调节高压灭菌锅的控制面板，将温度调整至在 121℃，保持 20min。

③启动全自动高压灭菌。

【作业】

1. 导致培养基不凝的原因可能有哪些？
2. 配置 1L 培养基的具体步骤是什么？

实验 3　番茄的启动培养

【实验目的】
掌握灭菌和接种的基本操作技术。

【实验原理】
在番茄再生体系的构建中，采用直接将种子进行消毒，由种子萌发获得无菌苗，是一种非常快捷有效的途径。

【实验用品】
1. 材料
番茄种子、MS 培养基（或 MS 加 0.1mg/L 6-BA 的培养基）。
2. 器具
废液缸、镊子、无菌水、次氯酸钠、培养皿。
3. 仪器
高温消毒器、超净工作台、高压灭菌锅。

【实验方法】
（1）番茄种子的启动培养基可以是不添加任何激素的 MS 培养基，也可采用 MS 加 0.1mg/L 6-BA 的培养基。

（2）准备工作

①房间消毒　定期用甲醛熏蒸房间进行一次彻底的消毒。每次实验前可采用开启接种间的紫外灯 30min 的方式进行消毒杀菌。

②地面消毒　本着经济实用和保护身体健康的原则出发，选用有效氯含量为 2% 的次氯酸钠溶液或稀释为有效氯含量为 2% 的 84 消毒液将地面擦洗干净。

③用高压灭菌锅将所需物品进行高压灭菌备用　所需物品包括：无菌水、启动培养基、镊子、几个带盖子的空瓶、废液缸、装有滤纸的培养皿。

④所需物品的紫外杀菌　先开启接种间的紫外灯将接种间进行紫外杀菌 30min，之后用酒精棉球将超净工作台擦洗干净。将次氯酸钠稀释成有效氯含量为 2% 的溶液，装入空瓶，放入超净工作台，再将番茄种子、装有无菌水的瓶子、废液缸、用牛皮纸或报纸包裹的灭过菌的空瓶、镊子、培养皿、装有启动培养基的组培瓶，放入超净工作台，开启工作台的紫外灯，进行紫外杀菌 30min。

⑤对器皿及接触身体部位的消毒　取用酒精浸泡过的棉球，擦拭接种环节有可能接

触到的身体部位裸露的皮肤，包括手、裸露的手腕、前臂等部位，尤其是手指甲部位。用棉球擦拭 2～3 遍，每遍都要更换新的棉球，并让酒精溶液作用 3min 左右，以更好的发挥乙醇的消毒效果。

（3）消毒种子　将报纸打开，取出灭过菌的空瓶，装入番茄种子，倒入稀释好的次氯酸钠溶液，浸没种子，消毒 15min。期间每隔 1～2min，摇晃几次，以使种子消毒彻底。消毒时间结束后，用瓶盖沥着，将次氯酸钠溶液沥出，倒入废液缸，再将无菌水倒入瓶中，摇晃，将水沥入废液缸，用无菌水重复冲洗 8 次。

（4）接种　用镊子将番茄种子一粒一粒取出，接种到培养基上，每瓶接种约 10 粒。

（5）培养　接种完成后，用记号笔在瓶身标注接种人、接种材料、接种日期。

（6）将要培养的材料转入培养间进行培养观察。

实验4　叶片愈伤组织的诱导

【实验目的】
1. 掌握外植体的消毒技术。
2. 掌握外植体启动培养的操作技术。

【实验原理】
　　自然生长的植物表层常常有很多的微生物，这些微生物一旦进入到培养基中，就会迅速繁殖，使实验失败。所以，植物材料取来后，一定要充分地清洗，清洗干净后，用升汞溶液或次氯酸钠溶液等表面消毒剂进行灭菌处理，杀死植物材料上附着的微生物。

【实验用品】
1. 材料

观赏花卉等健壮的植株，本实验采用碧玉的叶片为实验材料。

2. 试剂

次氯酸钠，无菌水，消毒好的镊子、剪刀、解剖刀、培养皿、滤纸。

3. 仪器

高温消毒器、超净工作台、高压灭菌锅。

【实验方法】
　　(1)培养基的制备　以 MS 培养基为基本培养基，通过筛选，各组确定 2 种培养基，提前灭菌处理好，备用。

　　(2)外植体材料的选取　选择无病、生长健壮的植株。以容易脱分化的嫩叶部位为取材首选，本实验以观赏植物碧玉的叶片为启动培养材料以诱导愈伤组织。

　　(3)准备工作

　　①地面的消毒　用有效氯含量为 2% 的次氯酸钠溶液或稀释为有效氯含量为 2% 的 84 消毒液将地面擦洗干净。

　　②房间的消毒　开启接种间的紫外灯 30min 进行消毒杀菌。

　　(4)材料的清洗　将叶片用自来水清洗干净，再用稀释的洗洁精清洗，用软的毛笔或毛刷刷洗叶片表面，用自来水冲洗干净，然后再用去离子水冲洗。

　　(5)所有器具及物品的杀菌　将接种要用到的所有器具及物品，包括用牛皮纸或报纸包裹的灭过菌的剪刀、镊子、解剖刀、装有滤纸的培养皿、继代或生根培养基、瓶苗材料等都放在超净工作台上，开启工作台的杀菌按钮，先进行紫外杀菌 30min。

（6）对器皿及接触身体部位的消毒　取用酒精浸泡过的棉球，擦拭接种环节中有可能接触到的身体部位裸露的皮肤，包括手、裸露的手腕、前臂等部位，尤其是手指甲部位。用棉球擦拭 2～3 遍，每遍都要更换新的棉球，并让酒精溶液作用 3min 左右，以更好地发挥乙醇的消毒效果。

（7）外植体的表面消毒　在无菌条件下，用有效氯为 1% 的次氯酸钠溶液浸泡 15min，用无菌水冲洗 8 次。

（8）接种　用镊子取出叶片，在培养皿的滤纸上用解剖刀将叶片均分为四份。分别接种在四瓶培养基中。接种方式有：①平铺；②伤口的边竖直插入。3 天后，统计污染情况，7 天后观察材料的变化并再统计污染情况。之后每周做一次观察记录。

（9）用记号笔在瓶身标注接种人、接种材料、接种日期。

（10）将要培养的材料转入培养间进行培养观察。

【作业】

1. 选取外植体的原则是什么？
2. 如何对外植体进行消毒？

实验5 继代增殖

【实验目的】
掌握继代增殖的基本操作技术。

【实验原理】
通过调控生长素和细胞分裂素的比例,来调控细胞的分化方向,利用细胞分裂素比例高于生长素来进行不定芽的继代增殖,大多数植物每4~6周进行一次继代培养,这样才能实现快速增殖。

【实验用品】
1. 材料
通过启动培养已成功诱导出的愈伤组织、丛生芽或胚状体。
2. 试剂
次氯酸钠,无菌水,消毒好的镊子、剪刀、解剖刀、培养皿、滤纸。
3. 仪器
高温消毒器、超净工作台、高压灭菌锅。

【实验方法】
1. 实验开始前的准备工作
①地面消毒 用有效氯含量为2%的次氯酸钠溶液或稀释为有效氯含量为2%的84消毒液将地面擦洗干净。

②房间消毒 开启接种间的紫外灯30min进行消毒杀菌。

③对超净工作台的预处理 用医用酒精对超净工作台台面及内壁进行擦洗消毒。将接种要用到的所有器具及物品,包括用牛皮纸或报纸包裹的灭过菌的剪刀、镊子、解剖刀、装有滤纸的培养皿,继代或生根培养基,瓶苗材料等都放在超净工作台上,开启工作台的杀菌按钮,先进行紫外杀菌30min。

④对器皿及接触身体部位的消毒 取用酒精浸泡过的棉球,擦拭接种环节中有可能接触到的身体部位裸露的皮肤,包括手、裸露的手腕、前臂等部位,尤其是手指甲部位。用棉球擦拭2~3遍,每遍都要更换新的棉球,并让酒精溶液作用3min左右,以更好地发挥乙醇的消毒效果。

2. 转接
在无菌工作台中,先将培养材料的组培瓶瓶口在酒精灯外焰处进行灼烧,灼烧位置为瓶口 2cm 处，灼烧 2~3 遍后，打开瓶盖，再将瓶口在酒精灯外焰处灼烧 2~3 遍。

用无菌器械将原培养物从组培瓶中取出，在灭过菌的培养皿中或滤纸上先切割去除褐化部分或坏死部分。

将愈伤组织切成 ≥5mm³ 小块，或将丛生芽进行分株切割成单芽，转入新鲜的继代培养基上。每瓶放 3~4 块愈伤组织小块或 3~4 个单芽，瓶身标注接种日期、接种材料及接种人姓名。

放置于组培架上，进行培养。每 5 天左右做一次观察记录，记录培养材料数量、大小、颜色等的变化及污染的瓶数，培养材料每一次大的变化，都要拍照记录。

3. 继代次数

每 4 周左右继代一次，为防止性状退化，继代培养一般控制在 8~10 代左右。

4. 培养室的消毒

用有效氯含量为 2% 的次氯酸钠溶液或稀释为有效氯含量为 2% 的 84 消毒液擦拭组培架的台面和擦洗组培间的地面。

【作业】

继代增殖的基本操作有哪些？

实验6　炼苗与移栽

【实验目的】

掌握组培苗炼苗与移栽的基本技术。

【实验原理】

组培苗通常在25℃的恒温及高湿、无菌、光照恒定的环境中生长，而室外的环境与室内截然不同，所以从瓶苗到大田种植，需要经历一个逐步适应的炼苗过程，同时，为了保证组培苗的成活率，炼苗过程中还需要做到杀菌、保湿。

【实验用品】

1. 材料

已生根的组培苗。

2. 器具与试剂

蛭石、草炭土、珍珠岩、甲基托布津、穴盘。

【实验方法】

（1）在组培间将无菌苗的瓶盖旋开，把瓶盖半扣在组培瓶上，进行初步的炼苗3天左右。

（2）将瓶盖完全去除，进行第二步炼苗3天左右，使组培苗逐步适应外界的环境。

（3）将在组培间炼苗1周左右的组培瓶苗移至温室，小心地将苗取出，避免伤苗。冲洗干净瓶苗基部的培养基，清洗时避免伤根。

（4）查阅文献，根据材料制定炼苗方案，确定下来1~2种最优的基质配比。选择的原则是：①具有一定的保水性，如蛭石颗粒等；②具有一定的通气性，如草炭土、珍珠岩、河沙等。将选择的基质放入高压灭菌锅内灭菌备用。

（5）第三步炼苗，将灭过菌的基质中加入适量的多菌灵或甲基托布津等杀菌剂，拌匀，将基质装入穴盘，备用。

（6）将洗好的组培瓶苗移栽至穴盘中，洒水，把水一次性浇透。在穴盘上方用铁条搭成拱形支架，在支架上覆盖塑料膜，炼苗4~6周。期间每隔1周左右，用稀释至1/1 000的灭菌剂溶液喷淋小苗。并可辅以稀释后的1/2 MS的溶液作喷淋追肥。

（7）移栽。去除塑料膜，将小苗移植至营养钵或大田中。

【作业】

1. 在炼苗时为什么要加入甲基托布津？
2. 在炼苗初期为什么要加塑料膜覆盖穴盘？

第6章　种子生物学

实验 1　种子形态与结构观察

【实验目的】
1. 了解种子的基本形态特征。
2. 掌握种子的内部结构特征。
3. 了解双子叶植物大豆和单子叶植物小麦、玉米在种子结构上的异同。

【实验原理】
植物种子类型繁多，形态多样，构造也各不相同。因此，种子在外形和构造上的差异可以作为鉴别种子和品种的重要依据，同时也是进行种子清选分级、加工包装及安全贮藏的重要依据。

种子的形态构造包括种子的外部性状和种子的基本构造。种子的外部性状主要包括种子的形状、大小和颜色三个方面。种子的基本构造包括种被、胚和胚乳三部分。种被起保护作用，种子成熟后细胞死亡，内含物消失，只留下死亡的细胞壁。种被由果皮和种皮组成，但在小麦、玉米、水稻等农作物中果皮分化不明显。种皮上有发芽口(种孔)、脐、脐褥、脐条和内脐。

【实验材料】
小麦、玉米、大豆种子(预先浸泡 12~24h)。

【实验用品】
解剖显微镜、解剖刀、镊子、培养皿、载玻片、吸水纸、碘化钾液、蒸馏水等。

【实验方法】
1. 种子外部形态观察

分别取 1 粒种子仔细观察种子的外部形态。注意观察双子叶种子的外部形态和单子叶种子的外部形态的异同。

2. 种子内部结构观察

分别取 1 粒种子，双子叶种子剥去种皮，观察其内部构造。

单子叶种子从胚中部纵切，取半粒种子放在载玻片上，切口处滴一滴碘化钾试剂，在解剖显微镜下观察。

【作业】

1. 绘大豆、玉米、小麦种子外形和结构图，并注明各部分结构名称。
2. 比较双子叶植物大豆和单子叶植物玉米在种子结构上的异同。

实验2 种子活力测定

【实验目的】
1. 加深对种子活力概念的理解。
2. 学习直立发芽幼苗生长量测定法测定种子活力。

【实验原理】
种子活力是指广泛的田间条件下，决定种子迅速、整齐出苗和长成正常幼苗的潜在能力的总称。种子活力测定方法有多种，按照测定方法的不同可以分为直接法和间接法两大类。直接法是在实验室的条件下模拟田间不良条件测定出苗率或幼苗生长速度和健壮度；间接法是在实验室内测定某些与种子活力相关的生理、生化指标和物理特性。

【实验材料】
小麦种子。

【实验用品】
发芽纸(或滤纸)、玻璃板、尺子、铅笔、标签、镊子、玻璃棒、塑料盆、玻璃支架、毛巾、木棍、培养箱等。

【实验方法】
实验采用直立发芽幼苗生长量测定法。此方法适用于具有直立胚芽和胚根的禾谷类和蔬菜类作物种子。

1. 玻璃板法
取小麦种子100粒(根据玻璃板大小可酌减)，4次重复。

玻璃板1块、发芽纸(或滤纸)2张；其中1张发芽纸(或滤纸)画线，先在纸长轴中心画一条横线，然后依次在其上、下每隔1cm画平行线。在中心线上平均间隔画100点(根据玻璃板大小可酌减)，画有横线的发芽纸用水湿润贴在玻板上。在每点上放1粒种子，胚根端朝向纸底部(图6-1)。

种子排列整齐后，盖另一张湿润发芽纸(或滤纸)，让两张发芽纸(或滤纸)紧密粘连在一起，若两张发芽纸(或滤纸)之间存有气泡，可用玻璃棒在发芽纸(或滤纸)上滚动，赶走气泡，使种子、发芽纸(或滤纸)与玻璃板紧密结合。玻璃板上部贴标签(图6-2)。

玻璃板放入塑料箱的支架里，使其直立；塑料箱放入蒸馏水，蒸馏水没过玻璃板

2cm 即可，水分将湿润发芽纸（或滤纸），保证种子发芽。

将塑料箱放在 20 ℃恒温箱内培养 7 天，期间观察塑料箱水分的多少，适当补充水分。

发芽结束后，计算发芽率和统计苗长。计算每对平行线之间的胚芽的数目，按下列公式求出幼苗平均长度。

$$幼苗的平均长度(L，cm) = \frac{n_1 x_1 + n_2 x_2 + n_3 x_3 + \cdots + n_n x_n}{N}$$

式中：n——每对平行线间的胚芽尖端数；

X——每对平行线之间的中点至中心线的距离，cm；

N——正常幼苗总数。发芽实验中不正常幼苗不统计长度。

图 6-1　滤纸划线及种子摆放方法

图 6-2　种子、滤纸与玻璃板紧密结合并贴标签

2. 毛巾卷法

取小麦种子 100 粒，4 次重复。

毛巾卷湿润后平铺在实验台上，中部横放木棍，将毛巾分为两部分，种子排放在毛巾卜端，种子在距毛巾顶边 6cm 和 12cm 处排成 2、4 行，每行 25 粒种子。

以木棍为轴将种子和毛巾卷卷成筒状（松紧以种子竖起不下落为宜），两端用皮筋扎紧。竖放在塑料盆或其他容器内。

将容器置于 20℃培养箱内培养 7 天，发芽结束后计算发芽率和种苗的质量。按照玻璃板发芽法计算种子活力。

按下列公示计算小麦种子简易活力指数。

$$简易活力指数 = GS$$

式中：G——发芽率；

S——平均幼苗长度(cm)或质量(g)。

【作业】

发芽 7 天结束后，统计发芽率和种苗长度或质量，计算种子活力。

第 7 章　生物信息学

实验 1　核酸或蛋白质序列检索

【实验目的】
1. 掌握核酸或蛋白质序列检索的操作方法，学会如何获取自己感兴趣的生物信息。
2. 熟悉和了解 GenBank 数据库序列格式及其主要字段的含义。

【实验原理】
数据库是生物信息学工作的基础。当前，已经建立了种类繁多的生物信息数据库，其内容几乎涵盖了生命科学的各个领域，如核酸序列数据库、蛋白质序列数据库、基因组图谱数据库、生物大分子结构数据库等。这些数据库都由专门的机构负责管理、更新和维护，以期为生物学研究人员提供更加准确、翔实的信息。

Genbank 是由美国国家生物技术信息中心(National Center for Biotechnology Information，NCBI)负责开发、管理和维护的综合性的生物信息数据库。该数据库中的每一条记录都有一个特定的序列编号(登录号)，可以通过 NCBI 的 Entrez 检索系统查询 Genbank 中相关的序列条目。

【实验器材】
计算机(联网)、Genbank 等生物信息网络资源。

【实验内容】
1. 查找 Genbank 中玉米(Zea mays)WRKY 基因家族的核酸和蛋白质序列。
2. 检索序列登录号为 FJ654264 的核酸序列，理解记录中各字段的含义。

【实验方法】
1. 核酸序列检索

(1)进入 NCBI 主页(http：//www. ncbi. nlm. nih. gov)，找到 Entrez 系统简单检索界面(图 7-1)。

(2)选择核酸数据库(Nucleotide)(图 7-2)。

(3)在 Search(检索)文本框中输入"WRKY"(图 7-3)。

（4）点击 Search 按钮。

（5）点击 RefSeq（图 7-4）。

（6）点击 Zea mays（图 7-5），即可得到和玉米 WRKY 相关的核酸序列。

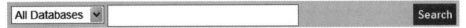

图 7-1　NCBI Entrez 系统简单检索界面

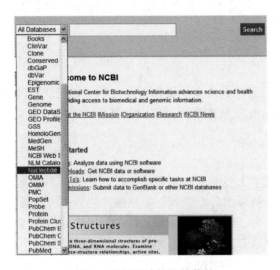

图 7-2　数据库选择下拉菜单

图 7-3　Search 文本框中输入关键词

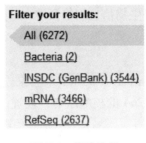

图 7-4　筛选结果

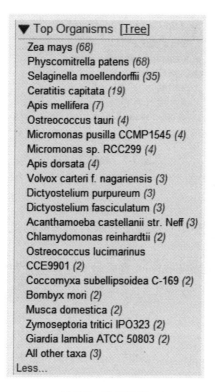

图 7-5　物种选择

2. 蛋白质序列检索

（1）进入 NCBI 主页（http：//www. ncbi. nlm. nih. gov），找到 Entrez 系统简单检索界面（图7-1）。

（2）选择蛋白质数据库（Protein）（图7-6）。

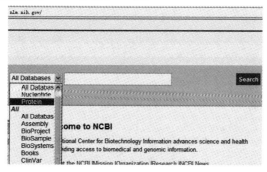

图 7-6　数据库选择下拉菜单

（3）在 Search 文本框中输入"WRKY"。

（4）点击 Search 按钮。

（5）点击 Zea mays（图7-7），即可得到玉米相关的 WRKY 序列。

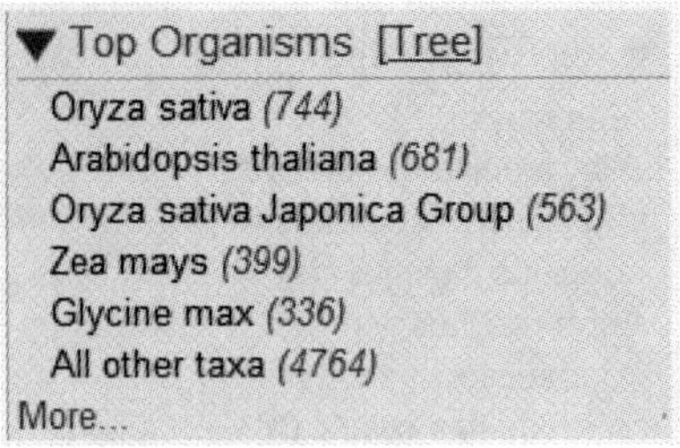

图 7-7　物种选择

【思考题】

1. 每人下载至少 3 条 WRKY 核酸序列及其相对应的蛋白序列，并以 FASTA 格式保存。

2. 标注出自己下载序列的 Genbank 登录号、注释信息和序列提交者姓名。

实验 2　DNA 序列分析

【实验目的】

1. 了解常用的核酸序列分析工具。
2. 了解和掌握利用生物信息学软件分析对 DNA 序列进行统计和分析的方法。

【实验原理】

遗传信息的载体主要是 DNA(少数情况下为 RNA)。控制生物体性状的基因则是一系列 DNA 片段。DNA 分子上不同的核苷酸排列顺序代表不同的生物信息,一旦核苷酸的排列顺序发生改变,它代表的生物学信息可能也会发生变化。DNA 序列分析通常可分为序列组成成分分析、序列结构分析、序列同源性分析和聚类分析四大类。通过对 DNA 序列的分析,我们可以获得以下信息:①核酸序列组分;②限制性酶切(位点);③基因结构(外显子、内含子、启动子、开放性阅读框等);④重复序列;⑤序列及所代表的类群间的系统发育关系等。

【实验器材】

计算机(联网)、OMIGA2. 0、Primer Premier 5.0、AJ292756,AJ243490. 1、Genbank 等生物信息网络资源。

【实验内容】

1. 碱基组成情况统计分析。
2. 限制性内切酶酶切位点分析。
3. 重复序列分析。
4. 真核生物基因结构分析。

【实验方法】

一、碱基组成情况统计

(1)Genbank 数据库中获取基因登录号为"AJ292756"的序列。

(2)启动 OMIGA2. 0 软件。

(3)建立 AJ292756 项目文件(Aj292756. prj)(图 7-8)。

(4)导入 AJ292756 序列(图 7-9)。

(5)点击 Tools(工具)→Composition Analysis(组分分析)(图 7-10),弹出 Composition

Analysis View-AJ292756 窗口(图 7-11)。

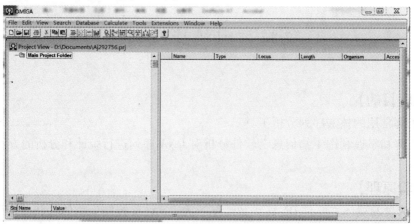

图 7-8　AJ292756 项目文件

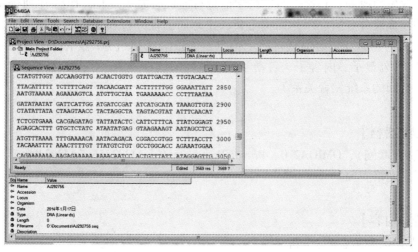

图 7-9　导入 AJ292756 DNA 序列

二、限制性内切酶酶切位点分析

(1)点击 Search→Restriction Sites(限制性酶切位点)(图 7-12),弹出 Restriction Sites 窗口(图 7-13)。

(2)通过 Protocol 下拉菜单选择合适的 Protocol 后,点击 search 按钮弹出搜索结果对话框。对话框中显示出分析序列的名称(Sequence)、分析方法(Search protocol) 及拟采用的视图模式(View as)(图 7-14)。

(3)点击 Table 按钮,以表格视图模式查看分析结果。酶切分析结果列出了能被剪切的内切酶的类型、剪切位点出现的次数、酶切位点在序列中的位置、内切酶识别的序列等信息(图 7-15)。

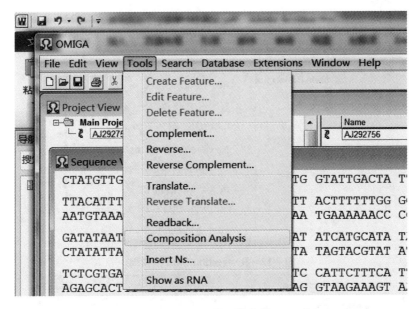

图 7-10　工具下拉菜单

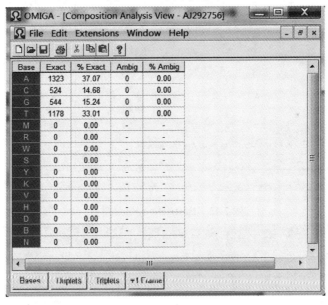

图 7-11　Composition Analysis View-AJ292756 窗口

三、重复序列分析

(1)登录 RepeatMasker 主页(http：//www. repeatmasker. org/)(图 7-16)。

(2)点击 RepeatMasking 进入 RepeatMasker Web Server(图 7-17)。

(3)在 Sequence 后的文本框输入 AJ292756 DNA 序列(图 7-17)。

(4)点击 Submit Sequence 按钮即可弹出序列屏蔽分析结果。

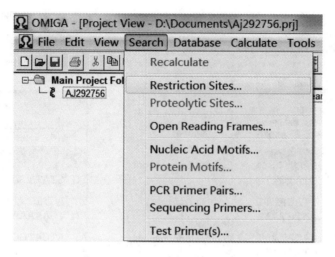

图 7-12　Restrection Sites 子菜单

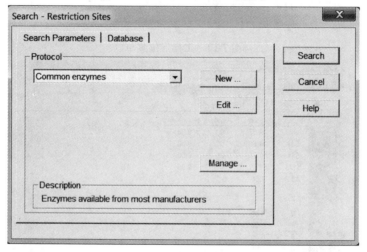

图 7-13　Restriction Sites 窗口

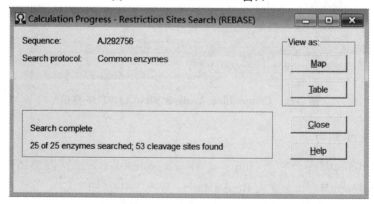

图 7-14　Restriction Sites 搜索结果视窗

	Enzyme	Hit Frequency	Residue Position	Recog. Seq.	Recog. Seq. Size	Overhang	Overhang Sequence	Overhang Length
1	AluI	8	119	AGCT	4	blunt	-	0
2	AluI	8	253	AGCT	4	blunt	-	0
3	AluI	8	273	AGCT	4	blunt	-	0
4	AluI	8	303	AGCT	4	blunt	-	0
5	AluI	8	1119	AGCT	4	blunt	-	0
6	AluI	8	1246	AGCT	4	blunt	-	0
7	AluI	8	2589	AGCT	4	blunt	-	0
8	AluI	8	2707	AGCT	4	blunt	-	0
9	BamHI	1	1324	GGATCC	6	5'	GATC	4
10	BglI	0	-	-	-	-	-	-
11	BglII	0	-	-	-	-	-	-
12	EcoRI	0	-	-	-	-	-	-
13	EcoRV	2	2881	GATATC	6	blunt	-	0
14	EcoRV	2	3385	GATATC	6	blunt	-	0
15	HaeIII	2	3094	GGCC	4	blunt	-	0
16	HaeIII	2	3430	GGCC	4	blunt	-	0
17	HindIII	2	301	AAGCTT	6	5'	AGCT	4
18	HindIII	2	1244	AAGCTT	6	5'	AGCT	4
19	HinfI	14	798	GAATC	5	5'	AAT	3
20	HinfI	14	1183	GATTC	5	5'	ATT	3
21	HinfI	14	1225	GAGTC	5	5'	AGT	3
22	HinfI	14	1544	GAATC	5	5'	AAT	3
23	HinfI	14	1564	GACTC	5	5'	ACT	3
24	HinfI	14	1593	GATTC	5	5'	ATT	3
25	HinfI	14	1833	GATTC	5	5'	ATT	3
26	HinfI	14	2003	GAATC	5	5'	AAT	3
27	HinfI	14	2114	GACTC	5	5'	ACT	3
28	HinfI	14	2154	GATTC	5	5'	ATT	3

Cut Sites / Grouped Sites / Fragments / Composite Fragments

图 7-15　AJ292756 限制性内切酶分析结果

图 7-16　RepeatMasker 主页面

四、真核生物基因结构分析

1. 内含子、外显子分析

(1)登录 GENSCAN 主页(http://genes. mit. edu/GENSCAN. html)。

(2)选择序列来源的物种类型(Organism)(图 7-18)。

(3)输入预分析序列(如 AJ243490. 1 的 DNA 序列)。

(4)点击 Run GENSCAN 按钮即可弹出分析结果。

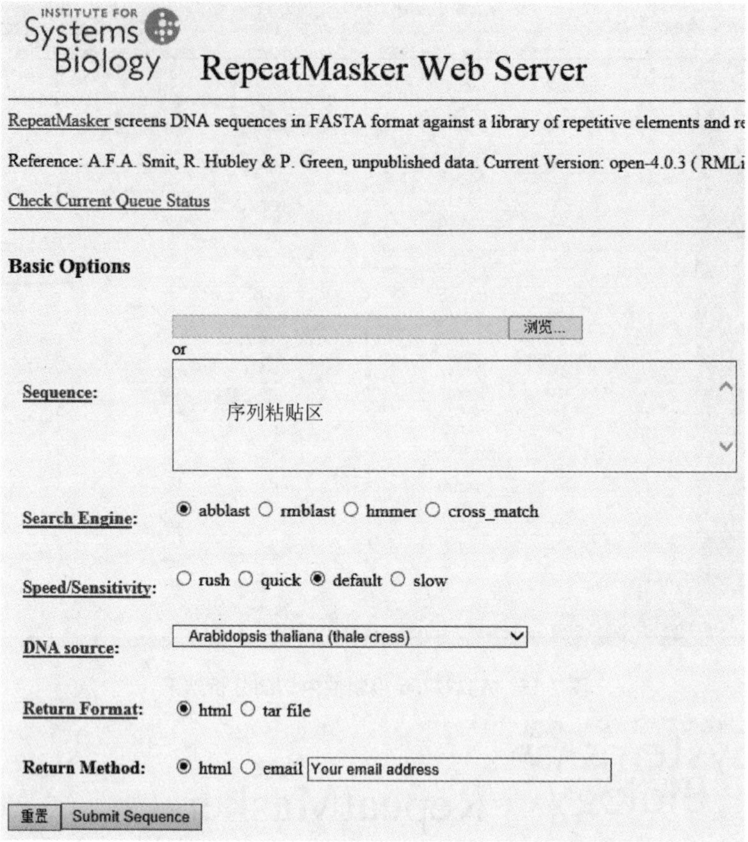

图 7-17　RepeatMasker Web Server 页面

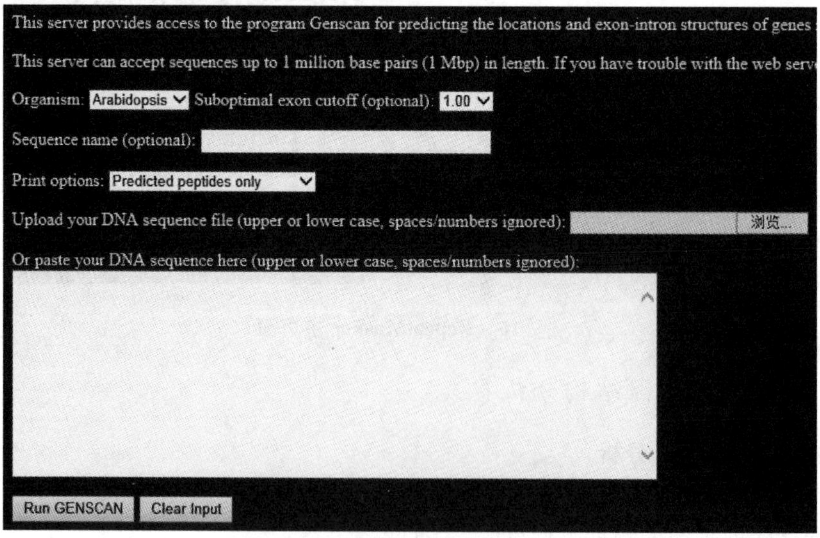

图 7-18　GENSCAN 主页面

2. 开放阅读框识别

（1）进入 ORF Finder 页面（http：//www. ncbi. nlm. nih. gov/gorf/gorf. html）（图 7-19）。

（2）输入拟分析序列的 Genbank 登录号或直接在文本区以 FASTA 格式输入核酸序列（图 7-19）。

（3）点击 OrfFind 按钮即可弹出搜索结果页面。

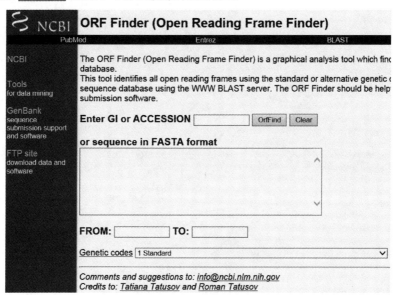

图 7-19　ORF Finder 主页面

3. 启动子分析

（1）进入 Neural network promoter prediction 主页（图 7-20）。

（2）在文本框中输入人胰岛素基因序列（J00265.1）。

（3）点击 Submit 按钮即可弹出搜索结果。

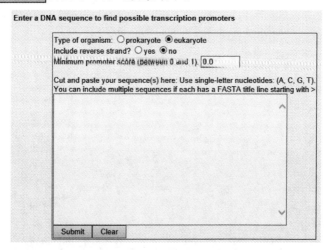

图 7-20　Neural network promoter prediction 主页

【作业】

1. 统计 J00265.1 序列的碱基组成情况。

2. 写出基因登录号为 J00265.1 的基因的启动子序列。

实验 3　蛋白质理化性质和功能分析

【实验目的】

1. 了解和掌握蛋白质序列分析的基本方法。
2. 学习和掌握利用生物信息学软件分析蛋白质的基本性质。
3. 理解和掌握一种蛋白质功能预测的方法。

【实验原理】

蛋白质序列分析主要包括理化性质分析和功能预测。根据预测的蛋白质序列,可以进一步的预测分析蛋白质的基本理化性质和其含有的序列模式。蛋白质的一级结构决定高级结构,高级结构决定蛋白质功能,因此可以通过同源蛋白比对的方法预测蛋白质可能具有的功能。

【实验器材】

计算机(联网)、Genbank 等生物信息网络资源。

【实验内容】

1. 蛋白质基本理化性质分析。
2. 蛋白质功能预测。

【实验方法】

1. 蛋白质基本理化性质分析

(1)使用 Entrez 信息查询系统检索 Genbank 登录号为 EDW90810.1 的蛋白。

(2)讲入 ProtParam 主页(http：//web. expasy. org/protparam/)(图 7-21)。

(3)输入 EDW90810.1 序列至文本区。

(4)点击 Compute parameters 按钮即可弹出分析结果页面。

(5)记录分析结果。

2. 基于模体(motif)、结构位点或结构功能域数据库的蛋白质功能预测

(1)登录 Motif Scan (PFSCAN)主页(http：//hits. isb-sib. ch/cgi-bin/PFSCAN)(图 7-22)。

(2)在 mot_ source 中选择 Motif 来源。

(3)在文本框中输入 Genbank 登录号为 EDW90810.1 的蛋白序列,点击 search 按

钮即可弹出分析结果页面。

(4)记录分析结果。

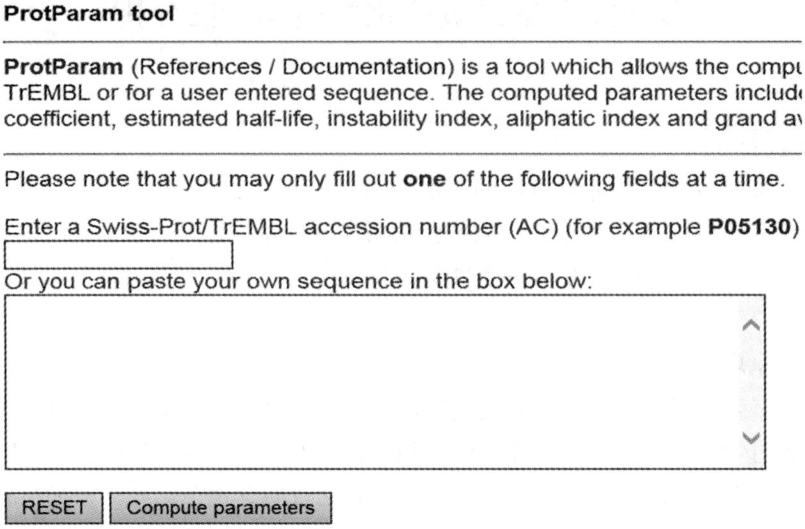

ProtParam tool
ProtParam (References / Documentation) is a tool which allows the compu
TrEMBL or for a user entered sequence. The computed parameters includ
coefficient, estimated half-life, instability index, aliphatic index and grand a
Please note that you may only fill out one of the following fields at a time.
Enter a Swiss-Prot/TrEMBL accession number (AC) (for example P05130)
Or you can paste your own sequence in the box below:
RESET
Compute parameters

图 7-21 ProtParam 主页

Motif Scan
search
help
motifs that occur in a sequence. This form lets you paste a protein sequence, select the collections of motifs to scan for, and launch the search.
erpretation of the match scores. You should consult the home pages of Prosite on ExPASy, Pfam and InterPro for additional information.
the sequence databases (see list), the Query by Protein form is much faster, and the Protein Hub provides a collection of tools that you might fin
useful.
Protein Identifiers
or Protein Sequence
examples
clear input
search
The scan might take a
few minutes.
reset page
mot_source
PeroxiBase profiles
HAMAP profiles
PROSITE patterns
PROSITE patterns (frequent match producers)
PROSITE profiles
More profiles
Pfam HMMs (local models)
Pfam HMMs (global models)

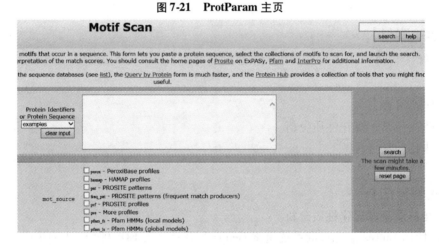

图 7-22 Motif Scan 主页

【作业】

1. Genbank 登录号为 EDW90810.1 的蛋白质的等电点、分子量是多少?
2. 根据理化性质分析结果，登录号为 EDW90810.1 的蛋白质的不稳定系数是多少?
3. 列出登录号为 EDW90810.1 的蛋白质含有的模体(motif)类型并推出其功能。

实验 4　蛋白质结构预测分析

【实验目的】

1. 了解和掌握蛋白质结构预测的基本方法。
2. 理解和掌握基于同源性分析的蛋白质结构预测方法。

【实验原理】

蛋白质的一级结构决定蛋白质的高级结构。一级结构相似性较高的蛋白质，其高级结构也很有可能相似。因此，可以通过同源比对的方法预测未知蛋白质的二级和三级结构。目前，蛋白质的二级结构预测工具较多，各有优、缺点。一般对 α 螺旋的预测精度较好，对 β 折叠的预测次之，对无规则二级结构的预测效果最差。蛋白质三级结构预测的方法主要有同源建模、折叠识别和从头预测。同源性方法是目前预测蛋白质结构最准确的方法，但其只能预测和数据库中的蛋白具有较高相似性的序列的结构。

【实验器材】

计算机（联网）、Genbank 等生物信息网络资源。

【实验内容】

1. 蛋白质二级结构预测。
2. 蛋白质三级结构预测。

【实验方法】

1. 利用 SOPMA 服务器预测 EDW90810.1 蛋白质的二级结构

（1）登录 SOPMA 主页（http：//npsa-pbil. ibcp. fr/cgi-bin/npsa_ automat. pl？ page = npsa_ sopma. html）（图 7-23）。

（2）在文本框中输入 EDW90810.1 蛋白序列。

（3）点击 SUBMIT 按钮即可弹出二级结构分析结果页面。

（4）记录二级结构分析结果。

2. 利用 Phyre² 软件预测 EDW90810.1 蛋白质的三级结构

（1）登录 Phyre² 主页（http：//www. sbg. bio. ic. ac. uk/phyre2/html/page. cgi？ id = index）。

（2）在 E-mail Address 后的文本框中输入自己的邮箱地址（检索结果会发送至此邮

箱)。

(3)在 Optional Job description 后的文本框中输入检索相关的描述信息。

(4)在 Amino Acid Sequence 后的文本框中输入 EDW90810.1 蛋白的氨基酸序列。

(5)点击 Phyre Search 按钮,弹出 Phyre² 检索进程页面。

(6)记录分析结果。

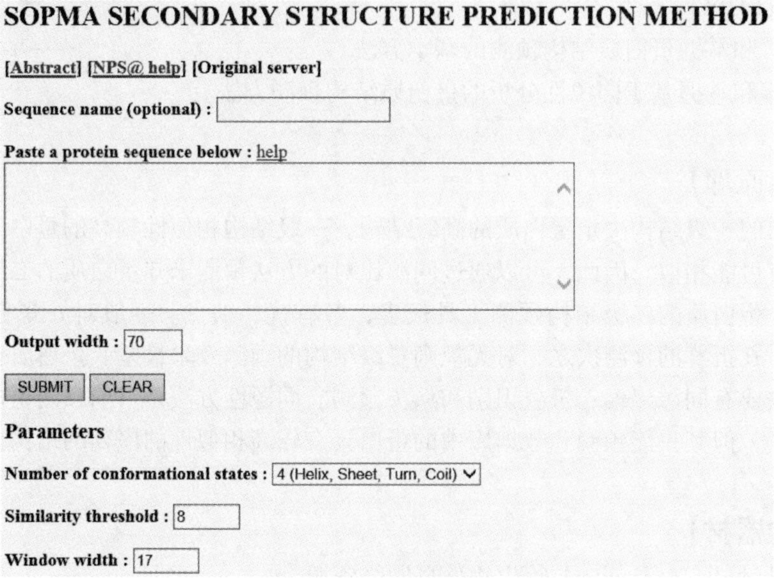

图 7-23　SOPMA 主页

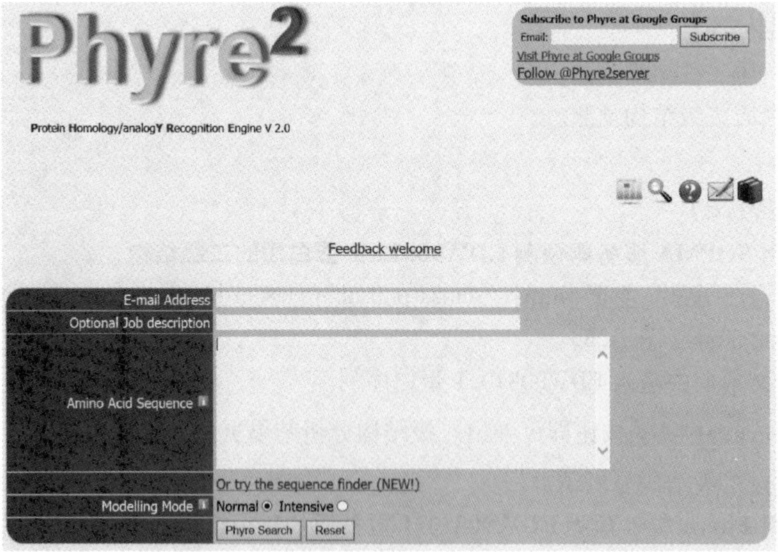

图 7-24　Phyre² 主页

【作业】

1. 列出 EDW90810.1 蛋白质(或其他自己感兴趣的蛋白质)的二级结构类型。
2. 以照片形式打印 EDW90810.1 蛋白质(或其他自己感兴趣的蛋白质)的三级结构。

实验 5   双序列比对工具——BLAST

【实验目的】

1. 了解序列比对的基本方法。
2. 学习和掌握 BLAST 的使用方法。

【实验原理】

双序列比对(pairwise alignment)是指两条序列参与序列比对,通过排列比对使两条序列间达到最大程度的匹配,以反映它们之间的相似性关系。双序列比对能够用来判断两个蛋白质或基因在结构或功能上的相关性,也可以用来鉴定两条蛋白质共有的结构域与基序,同时也是数据库相似性搜索的基础。目前,用于双序列比对的工具非常多。从比对原理的角度可分为全局双序列比对和局部双序列比对两大类。

【实验器材】

计算机(联网)、Genbank 等生物信息网络资源。

【实验内容】

利用双序列比对工具对 Genbank 登录号为 FJ654265 的核酸序列进行分析。

【实验方法】

(1)登录 BLAST 服务器页面(http://blast.ncbi.nlm.nih.gov/Blast.cgi)(图 7-25)。

(2)点击 **nucleotide blast** ,弹出 blastn 分析页面(图 7-26)。

(3)在 Enter Query Sequence 下面的文本框中输入 FJ654265(或以 Fasta 格式输入 FJ654265 序列)。

(4)点击 BLAST 按钮,首先弹出 blastn 分析进程页面,一定时间后弹出分析结果页面。

(5)记录 blastn 分析结果。

【作业】

列出和 FJ654265 序列相似性最高的序列的 Genbank 登录号、期望值和相似性值。

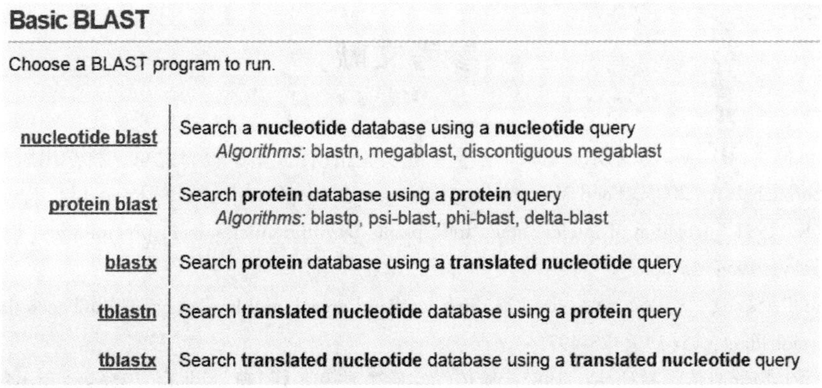
Basic BLAST
Choose a BLAST program to run.
nucleotide blast
Search a nucleotide database using a nucleotide query
Algorithms: blastn, megablast, discontiguous megablast
protein blast
Search protein database using a protein query
Algorithms: blastp, psi-blast, phi-blast, delta-blast
blastx
Search protein database using a translated nucleotide query
tblastn
Search translated nucleotide database using a protein query
tblastx
Search translated nucleotide database using a translated nucleotide query

图 7-25 NCBI BLAST 服务器页面

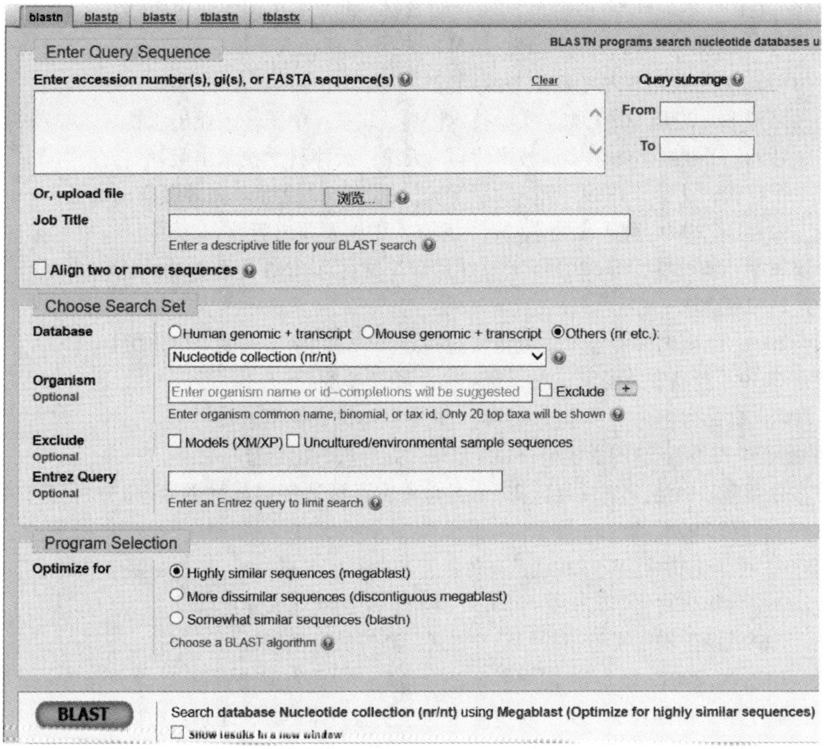
blastn
blastp
blastx
tblastn
tblastx
Enter Query Sequence
Enter accession number(s), gi(s), or FASTA sequence(s)
Clear
Query subrange
From
To
Or, upload file
浏览...
Job Title
Enter a descriptive title for your BLAST search
Align two or more sequences
Choose Search Set
Database
Human genomic + transcript
Mouse genomic + transcript
Others (nr etc.):
Nucleotide collection (nr/nt)
Organism
Optional
Enter organism name or id--completions will be suggested
Exclude
Enter organism common name, binomial, or tax id. Only 20 top taxa will be shown
Exclude
Optional
Models (XM/XP)
Uncultured/environmental sample sequences
Entrez Query
Optional
Enter an Entrez query to limit search
Program Selection
Optimize for
Highly similar sequences (megablast)
More dissimilar sequences (discontiguous megablast)
Somewhat similar sequences (blastn)
Choose a BLAST algorithm
BLAST
Search database Nucleotide collection (nr/nt) using Megablast (Optimize for highly similar sequences)

图 7-26 blastn 分析页面

参考文献

1. J. 萨姆布鲁克，D. W. 拉塞尔．2002. 分子克隆实验指南[M]．3 版．北京：科学出版社．

2. Mclandsborough L A. 2005. Food Microbiology Laboratory[M]. Florida：CRC Press LLC.

3. Manning K. 1991. Isolation of nucleic acids from plants by differential solvent precipitation[J]. Analytical Biochemistry，195：45-50.

4. Murashige T，Skoog F. 1962. A revised medium for rapid growth and bio-assays with tobacco tissue cultures [J]. Physiol Plant，15(3)：473-497.

5. 北京大学生物学遗传学教研室．1985. 遗传学实验方法和技术[M]．北京：高等教育出版社．

6. 蔡旭．1988. 植物遗传育种学[M]．2 版．北京：科学出版社．

7. 陈宏．2006. 基因工程原理与应用[M]．21 世纪教材．北京：中国农业出版社．

8. 陈江萍．2011. 食品微生物检测实训教程[M]．杭州：浙江大学出版社．

9. 陈天寿．1995. 微生物培养基的制造与应用[M]．北京：中国农业出版社．

10. 杜连祥，路福平．2005. 微生物学实验技术[M]．北京：中国轻工业出版社．

11. 杜连祥．1992. 工业微生物学实验技术[M]．天津：天津科学技术出版社．

12. 范秀荣，李广武，沈萍．1989. 微生物学实验[M]．2 版．北京：高等教育出版社．

13. 高荣岐，张春庆．2009. 种子生物学[M]．北京：中国农业出版社．

14. 郭彬，侯思宇，黄可盛，等．2013. 大豆叶片和花器官总 RNA 提取方法的比较及应用[J]．植物分子育种，2：255-261.

15. 郭积燕．2004. 微生物检验技术学习与实验指导[M]．北京：人民卫生出版社．

16. GB 4789—2010　食品安全国家标准，食品微生物学检测．

17. 郝林．2001. 食品微生物学实验技术[M]．北京：中国农业出版社．

18. 河北师范大学．1982. 遗传学实验[M]．北京：高等教育出版社．

19. 侯思宇，孙朝霞，申洁，等．2011. 30 个枣树种质资源遗传多样性的 ISSR 分析[J]．植物生理学报，47(3)：275-280.

20. 胡晋．2004. 种子生物学[M]．北京：高等教育出版社．

21. 胡兰．2006. 动物生物化学实验指导[M]．北京：中国农业大学出版社．

22. 黄秀梨．1999. 微生物学实验指导[M]．北京：高等教育出版社．

23. 李阜棣，胡正嘉．2001. 微生物学[M]．5 版．北京：中国农业出版社．

24. 李阜棣，喻子牛，何绍江．1996. 农业微生物学实验技术[M]．北京：中国农业出版社．

25. 李竟雄，宋同明．1993. 植物细胞遗传学[M]．北京：科学出版社．

26. 李留安，袁学军．2013. 动物生物化学实验指导[M]．北京：清华大学出版社．

27. 李宁．2003. 动物遗传学[M]．2 版．北京：中国农业出版社．

28. 李平兰，贺稚非．2005. 食品微生物学实验原理与技术[M]．北京：中国农业出版社．

29. 李汝祺．1983. 遗传学[M]．北京：中国大百科全书出版社．

30. 李松涛．2005. 食品微生物学检验[M]．北京：中国计量出版社．

31. 刘慧．2006. 现代食品微生物学实验技术[M]．北京：中国轻工业出版社．

32. 刘庆昌．2007. 遗传学[M]．北京：科学出版社．

33. 刘维全．2010. 动物生物化学实验指导[M]．北京：中国农业出版社．

34. 刘祖洞，江昭慧．1985. 遗传学实验[M]．北京：高等教育出版社．

35. 刘祖洞．1990. 遗传学[M]．北京：高等教育出版社．

36. 卢圣栋．2006. 现代分子生物学实验[M]．北京：高等教育出版社．

37. 罗雪云，等．1995. 食品卫生微生物检验标准手册[M]．北京：中国标准出版社．

38. 闵航．2005. 微生物学实验[M]．杭州：浙江大学出版社．

39. 牛天贵．2002. 食品微生物学实验技术[M]．北京：中国农业大学出版社．

40. 钱存柔，黄仪秀．2000. 食品微生物学实验教程[M]．北京：北京大学出版社．

41. 钱存柔，黄仪秀．2008. 微生物学实验教程[M]．北京：北京大学出版社．

42. 申洁，侯思宇，孙朝霞，等．2010. 正交优化枣树 ISSR-PCR 反应体系的研究[J]．华北农学报，25（2）：116-120.

43. 沈萍，范秀荣，李广武．2004. 微生物学实验[M]．3 版．北京：高等教育出版社．

44. 苏世彦．1998. 食品微生物检验手册[M]．北京：中国轻工业出版社．

45. 孙朝霞，王海燕，王玉国，等．2008. 枣树 RAPD 分析体系优化的研究[J]．华北农学报，23(4)：115-118.

46. 唐丽杰，刘玉芬．2005. 微生物学实验[M]．哈尔滨：哈尔滨工业大学出版社．

47. 王晶，王林，黄晓蓉．2002. 食品安全快速检测技术[M]．北京：化学工业出版社．

48. 王叔淳．2002. 食品卫生检验技术手册[M]．2 版．北京：化学工业出版社．

49. 魏奎明，段鸿斌．2008. 食品微生物检验技术[M]．北京：化学工业出版社．

50. 吴乃虎．2005. 基因工程原理[M]．2 版．北京：科学出版社．

51. 吴仲贤．1981. 动物遗传学[M]．北京：中国农业出版社．

52. 阎隆飞，张玉麟．2003. 分子生物学[M]．北京：中国农业大学出版社．

53. 杨汉民．2001. 细胞生物学实验[M]．北京：高等教育出版社．

54. 杨业华．2006. 普通遗传学[M]．2 版．北京：高等教育出版社．

55. 叶磊，杨学敏．2009. 微生物检测技术[M]．北京：化学工业出版社．

56. 易自力．2008. 遗传学[M]．北京：中国农业出版社．

57. 余毓君．1988. 遗传学实验技术[M]．北京：中国农业出版社．

58. 俞树荣．1997. 微生物学和微生物学检验[M]．2 版．北京：人民卫生出版社．

59. 翟礼嘉，顾红雅，胡苹，等．2004. 现代生物技术[M]．北京：高等教育出版社．

60. 翟中和，王喜忠，丁明孝．2000. 细胞生物学[M]．北京：高等教育出版社．

61. 张英．2004. 食品理化与微生物检测实验[M]．北京：中国轻工业出版社．

62. 赵斌，何绍江．2002. 微生物学实验[M]．北京：科学出版社．

63. 赵贵明．2005. 食品微生物实验室工作指南[M]．北京：中国标准出版社．

64. 浙江农业大学．1989. 遗传学[M]．2 版．北京：中国农业出版社．

65. 郑国锠．1985. 细胞生物学[M]．北京：高等教育出版社．

66. 周德庆．2002. 微生物学教程[M]．2 版．北京：高等教育出版社．

67. 周顺伍．2002. 动物生物化学实验指导[M]．北京：中国农业出版社．

68. 周阳生．1996. 动物性食品微生物学检验[M]．北京：中国农业出版社．

69. 朱军．2002. 遗传学[M]．2 版．北京：中国农业出版社．

70. 祖若夫，胡宝龙，周德庆．1993. 微生物学实验教程[M]．上海：复旦大学出版社．

71. 关雪莲，王丽．2002. 植物学实验指导[M]．北京：中国农业大学出版社．

72. 陈广文，李仲辉．2008. 动物学实验技术[M]．北京：科学出版社．

73. 黄诗笺，卢欣，刘思阳．2006. 动物生物学实验指导[M]．2 版．北京：高等教育出版社．

附录一　常用试剂溶液、缓冲液及培养基的配制

一、常用试剂(酶制剂)的配制

1. $MgCl_2$(1 mol/L)　溶解 20.3 g $MgCl_2 \cdot 6H_2O$ 于 90 mL 水中，定容到 100 mL。

2. 二硫苏糖醇(DTT, 1 mol/L)　称取 3.09 g DTT 加入 20 mL 0.01 mol/L NaAc 溶液中(pH =5.2)，过滤除菌后分装成小份，-20℃下贮存。

3. 乙酸钾(KAc, 8 mol/L)　溶解 78.5 g 乙酸钾于适量的水中，加水定容到 100 mL。

4. 氯化钾(KCl, 1 mol/L)　溶解 7.46 g 氯化钾于适量的水中，加水定容到 100 mL。

5. 乙酸钠(NaAc, 3 mol/L)　溶解 40.8 g 的三水合乙酸钠于约 90 mL 水中，用冰乙酸调溶液的 pH 至 5.2，再加水定容到 100 mL。

6. EDTA(0.5 mol/L, pH =8.0)　称取 186.1 g 的 $Na_2EDTA \cdot 2H_2O$ 加入 800 mL 水中，磁力搅拌器上剧烈搅拌。加入约 20 g NaOH 调整 pH 值至 8.0，定容至 1L，分装后高压灭菌 20 min。

7. HCl(1 mol/L)　加 8.6 mL 的浓盐酸至 91.4 mL 的水中。

8. 氯化钾(KCl, 4 mol/L)　称取 29.82 g KCl 溶于适量水中，加水定容至 100 mL，分装成小份，121℃高压灭菌 20 min，室温贮存。

9. 氯化锂(LiCl, 5 mol/L)　称取 21.2 g LiCl 溶于 90 mL 水中，加水定容至 100 mL，分装成小份，高压灭菌 20 min，4℃下贮存。

10. 氯化钠(NaCl, 5mol/L)　溶解 29.2 g 氯化钠于足量的水中，定容至 100mL。

11. 氢氧化钠(NaOH, 10 mol/L)　溶解 400 g 氢氧化钠颗粒于约 0.9 L 水的烧杯中(磁力搅拌器搅拌)，氢氧化钠完全溶解后用水定容至 1 L。

12. 异丙基硫代-β-D-半乳糖苷(IPGT, 25 mg/mL)　溶解 250 mg 的 IPGT 于 10mL 水中，分成小份贮存于 -20℃。

13. X-gal(2.5%)　溶解 25 mg 的 X-gal 于 1 mL 二甲基甲酰胺(DMF)中，用铝箔包裹装液管，贮存于 -20℃。

14. PEG 8000　PEG 工作浓度范围为 13% ~ 40%(w/v)。用灭菌水溶解 PEG 配制适当浓度，如有需要可加温促进溶解。0.22 μm 过滤除菌，室温下保存。

15. 牛血清蛋白(BSA, 10 mg/mL)　加 100 mg 牛血清蛋白于 9.5 mL 水中(注意：将 BSA 加入水中以减少变性)，轻轻摇动，直至完全溶解，加水定容到 10 mL，分装成小份，-20℃下贮存。

16. 蛋白酶 K(proteinase K, 20 mg/mL)　将 200 mg 蛋白酶 K 冻干粉加入到 9.5 mL 水中，轻轻摇动，直至蛋白酶 K 完全溶解(不要涡旋混合)。加水定容到 10mL，分装成小份，-20℃下贮存。

17. RNase (不含 DNase 的 RNase, 10mg/mL)　用 2 mL TE(pH =7.6)溶解 20 mg

RNase(配制过程中要戴手套)。

18. SDS (10%, w/v):称取 100 g SDS,慢慢转移到约含 0.9 L 的水的烧杯中,用磁力搅拌器搅拌直至完全溶解,用水定容至 1 L,121℃高压灭菌 20 min,室温下贮存。

19. 山梨(糖)醇(sorbitol, 2 mol/L) 溶解 36.4 g 山梨(糖)醇于足量水中使终体积为 100 mL。

20. 三氯乙酸(TCA,100%) 在装有 500 g TCA 的试剂瓶中加入 100 mL 水,磁力搅拌器搅拌至完全溶解(稀释液应在临用前配制)。

21. 氯化钠(NaCl, 2.5 mol/L) 14.6 g 固体氯化钠加水至 100mL,充分溶解。

22. 焦碳酸二乙酯处理水(DEPC 水,0.1%) 100 μL DEPC 加入 100 mL 灭菌水中,37℃温浴至少 12 h,121℃高压灭菌 20 min,以使残余的 DEPC 失活。DEPC 会与胺发生反应,不可用 DEPC 处理 Tris 缓冲液(注:DEPC 是致癌剂,溶解时在通风橱内进行,操作时佩戴手套)。

二、常用缓冲液的配制

1. Tris-HCl 缓冲液(1 mmol/L)

用 800 mL 蒸馏水溶解 121.1 g Tris 碱,按下面所列加浓盐酸调 pH 至所需值。

pH	HCl
7.4	70 mL
7.6	60 mL
8.0	42 mL

加水定容至 1 L。分装后用 121℃高压蒸汽灭菌 20 min,室温下保存。

2. 磷酸盐缓冲溶液(PBS)

磷酸盐缓冲液的配方如下:

137 mmol/L	NaCl
2.7 mmol/L	KCl
10 mmol/L	Na_2HPO_4
2 mmol/L	KH_2PO_4

用 800 mL 蒸馏水溶解 8 g NaCl、0.2 g KCl、1.44 g Na_2HPO_4 和 0.24 g KH_2PO_4。用 HCl 调节溶液的 pH 值至 7.4,加水至 1 L。用 121℃高压蒸汽灭菌 20 min,室温下保存。

3. 10×TE 缓冲液(pH=8.0)

10×TE 缓冲液的配方如下:

(1)1mol/L Tris-HCl(pH=8.0)50mL 的配制:称取 Tris 碱 6.06g,加超纯水 40mL 溶解,滴加浓 HCl 约 2.1mL 调 pH 至 8.0,定容至 50mL。

(2)0.5mol/L EDTA(pH=8.0)50mL 的配制:称取 EDTA-Na_2·$2H_2O$ 9.306g,加超纯水 35mL,剧烈搅拌,用约 1g NaOH 调 pH 至 8.0,定容至 50mL。

(3)10×TE 缓冲液配制:

1mol/L Tris-HCl(pH=8.0)10 mL

0.5mol/L EDTA(pH = 8.0)2 mL

加超纯水定容至100mL。

用121℃高压蒸汽灭菌20 min，室温下保存。

二、电泳缓冲液、染料和凝胶加样液

1. 电泳缓冲液（附表1）

附表1　常用电泳缓冲液的配制

缓冲液	贮存液/L	工作液
Tris-醋酸（TAE）	50 ×	1 ×
	242 g Tris 碱	贮存液稀释50 倍使用
	57.1 mL 冰乙酸	
	37.2g Na$_2$EDTA · 2H$_2$O	
Tris-硼酸（TBE）	5 ×	0.5 ×
	54g Tris 碱	45 mmol/L Tris-硼酸
	27.5g 硼酸	1 mmol/L EDTA
	20 mL 0.5mol/L EDTA(pH = 8.0)	或贮存液稀释10 倍使用
Tris-磷酸（TPE）	10 ×	1 ×
	108g Tris 碱	90 mmol/L Tris-磷酸
	15.5 mL 磷酸	2 mmol/L EDTA
	40 mL 0.5 mol/L EDTA(pH = 8.0)	或贮存液稀释10 倍使用

2. 染料

（1）溴酚蓝(bromophenol blue，1%)　加1 g 溴酚蓝于100 mL 水中，搅拌或涡旋混合直到完全溶解。

（2）二甲苯青 FF(xylene cyanole FF，1%)　溶解1 g 二甲苯青 FF 于足量水中，定容到100 mL。

（3）溴化乙锭(EB，10 mg/mL)　小心称取1 g 溴化乙锭，加100 mL 水，用磁力搅拌器搅拌直到完全溶解。用铝箔包裹容器，室温下保存。（有剧毒，配制时佩戴手套，小心操作!）

3. 6 × 凝胶上样液(loading buffer)

6 × 凝胶上样液的配方如下：

15%（w/v）	Ficoll（400 型）
0.25%（w/v）	溴酚蓝
0.25%（w/v）	二甲苯青
Ficoll（400 型）	1.5g
溴酚蓝	0.025g
二甲苯青	0.025g

加入1 × TAE 至10mL，过滤灭菌后使用。

注：如用40% 蔗糖溶液代替 Ficoll，则需在4℃下保存。

附录二　常用培养基和抗生素的配制

附表 2　常用培养基的配方

培养基	LB 培养基		SOB 培养基		SOC 培养基	
配方	胰蛋白胨	10 g	胰蛋白胨	20 g	胰蛋白胨	20 g
	酵母抽提物	5 g	酵母抽提物	5 g	酵母抽提物	5 g
	NaCl	10 g	NaCl	0.5 g	NaCl	0.5 g
	琼脂	15 g	琼脂	15 g	葡萄糖	20mmol/L
					琼脂	15 g

　　加入 950 mL 无菌水，摇动溶解，用 5 mol/L NaOH 调 pH 至 7.0，用水定容至 1 L。用 121℃高压蒸汽灭菌 20 min。

　　注：琼脂为制作固体培养基及铺制平板时加入，如制作液体培养基则不加琼脂。

附表 3　常用抗生素溶液的配制与使用

抗生素	贮存液		工作浓度（μg/mL）	
	浓度（mg/mL）	保存条件（℃）	严紧型质粒	松弛型质粒
氨苄青霉（Amp）	50（溶于水）	−20	20	60
氯霉素（Cmr）	34（溶于乙醇）	−20	25	170
卡那霉素（Kan）	10（溶于水）	−20	10	50
链霉素（Str）	10（溶于水）	−20	10	50
四环素（Tet）	5（溶于乙醇）	−20	10	50
壮观霉素（Spe）	10（溶于水）	−20	10	50

　　注：使用的水为灭菌蒸馏水，摇匀充分溶解。必要时用 0.22 μm 滤膜过滤，分装成小份，−20℃下贮存。